U0346362

浙大精神在农科的传承和发展

浙江大学关心下一代工作委员会
浙江大学离退休工作处 编
浙江大学党委学生工作部

邹先定 著

ZHEJIANG UNIVERSITY PRESS
浙江大学出版社
·杭州·

图书在版编目（CIP）数据

浙大精神在农科的传承和发展 / 邹先定著 ；浙江大
学关心下一代工作委员会，浙江大学离退休工作处，浙江
大学党委学生工作部编. -- 杭州 ：浙江大学出版社，
2024.7

ISBN 978-7-308-25004-7

Ⅰ. ①浙… Ⅱ. ①邹… ②浙… ③浙… ④浙… Ⅲ.
①农业科学－学科发展－研究－浙江大学 Ⅳ. ①S-12

中国国家版本馆CIP数据核字(2024)第100271号

浙大精神在农科的传承和发展

邹先定 著

浙江大学关心下一代工作委员会、浙江大学离退休工作处、
浙江大学党委学生工作部 编

责任编辑	季　峥	
责任校对	潘晶晶	
封面设计	十木米	
出版发行	浙江大学出版社	
	（杭州市天目山路148号　　邮政编码　310007）	
	（网址：http://www.zjupress.com）	
排　　版	杭州林智广告有限公司	
印　　刷	杭州捷派印务有限公司	
开　　本	880mm×1230mm　1/32	
印　　张	4.625	
字　　数	153千	
版 印 次	2024年7月第1版　2024年7月第1次印刷	
书　　号	ISBN 978-7-308-25004-7	
定　　价	39.00元	

版权所有　侵权必究　　印装差错　负责调换

浙江大学出版社市场运营中心联系方式：0571-88925591；http://zjdxcbs.tmall.com

序

　　2017 年，在浙江大学建校 120 周年之际，学校将"海纳江河，启真厚德，开物前民，树我邦国"十六字凝练为浙大精神，同"求是创新"校训，"勤学、修德、明辨、笃实"浙大共同价值观构成一完整架构，是浙大儿女矢志不渝的精神与价值追求。

　　毛主席曾讲过："人是要有一点精神的。"[①]浙江大学创建百廿多年来，从早期求是学风的形成，到"求是"校训的确定、"求是精神"的阐发与践行，再到"求是创新"校训，以及"浙大精神"、浙大共同价值观的完整表述，充分彰显以爱国主义为核心的民族精神和以改革创新为核心的时代精神，同社会主义核心价值观高度契合。作为浙大精神重要载体的浙大校歌蕴涵"树我邦国，天下来同"的崇高理想，"海纳江河"、"无曰已是，无曰遂真"的好学品格，"习坎示教，始见经纶"知行合一的求真态度，"靡革匪因，靡故匪新""何以新之、开物前民"的创新精神，"尚亨于野，无吝于宗"以国家社稷为上、服务民众的价值取向和志趣，以及"成章乃达，若金之在熔"的人格塑造和人生境界，均体现了浙大的气质和优良传统。它有助于求是学子树立正确的世界观、人生观、价值观、祖国观、民族观、文化观、历史观。浙大精神表达了浙大求是初心、与时俱进的创新品格及其历久弥坚、历久弥新、不断发展完善、永远前进的特质。我们从浙大百廿多年波澜壮阔的奋进历史和轨迹中可以得到合逻辑的证实。

　　求是即实事求是，是马克思主义的根本观点，是中国共产党认识世界、改造世界的根本要求，也是党的基本思想方法、工作方法。2006 年

[①]　毛泽东：《艰苦奋斗是我们的政治本色》，载《毛泽东文集》第七卷，人民出版社，1999，第 162 页。

9月27日，时任浙江省委书记的习近平同志在浙江大学紫金港校区为学生所作《继承文化传统，弘扬浙江精神》的报告中指出："求是精神"是百年来浙大人"以天下为己任，以真理为依归"崇高追求的高度概括。"求是精神"不仅是浙江大学宝贵的精神财富，也是全省教育战线乃至全省人民的宝贵精神财富。①

"求是"是浙大精神的内核，浙大精神是求是儿女的根和魂。浙大精神在我们的人生历程中，是开启学业、事业征途的集结号，是奋进在艰难险阻之中强大的心灵支撑，更是勠力同心为祖国为人民不懈奋斗的进行曲。

浙江大学农科是浙大历史最为悠久的学科之一。百十多年来，于子三等三位农科革命烈士，为人民解放战争和人民革命贡献出了宝贵的生命。新中国成立后，浙大农科走出了24名两院院士及国外科学院院士，培养了一大批饮誉海内外的农业科学家，数以万计勤诚朴实、文质兼备、具有扎实专业知识和技能的高级农业人才，以及来自40多个国家和地区的留学生。浙大农科同浙大一道，始终与民族前途共浮沉，和时代脉搏同跳动，为民族振兴、社会进步、国家农业科技和现代农业建设做出自己宝贵的贡献，同时为国家承担人才培养、创新科技、传承文化、服务社会的崇高使命。浙江大学农科已跃升为全球综合排名前50的农业机构②，这是浙大农科的殊荣和方位。1993年，浙江大学原校长杨士林教授等先辈称赞浙大农科："（浙大农科）使我想到了早期在湄潭的老浙大，……继承了老浙大的优良传统，而且更加发展，更加深化了。"③

这些都是浙大精神在农科原野绽放出的绚丽花朵，浙大农科传承、发扬和发展了浙大精神！

浙大精神永放光芒！

邹先定

2024年3月于浙大华家池

---

① 转引自《浙江大学报》2018年2月14日第2版。

② 在全球综合排名前50位的农业机构中，中国科学院、中国农业大学、中国农业科学院和浙江大学位列其中。

③ 参见《浙江大学农业与生物技术学院院史（1910—2010）》，浙江大学出版社，2010，第41页。

目　录

浙大精神在农科的传承和发展 ①

各位领导、老师和同学：

下午好！

首先祝贺新入学的研究生来到农学院深造，也祝贺新学年的开始。到 2017 年，浙江大学走过了辉煌的 120 年，浙大农学院也经历了 107 年煌煌历程。农学院的悠久历史，不仅在浙大，在全国农科高校中亦属罕见。有一些问题是大家关心的：其一，农学院究竟是一所怎样的学院？关注点不在大楼设施设备上，而在它的成就上。它能造就什么？或者说它作为一所著名高等学府的重要学院，曾有过怎样的辉煌和光荣？其二，是关于我们自身的思考和打算，回应"竺可桢之问"："第一，到浙大来做什么？第二，将来毕业后做什么样的人？"说到底还是要"扣好人生的第一粒扣子"，面向未来。

今天下午我想讲三点：第一，浙大校歌和浙大精神；第二，竺可桢校长与浙大精神；第三，浙大精神在农科的传承和发扬。

一、浙大校歌和浙大精神

浙大校歌集中体现浙大精神，是我们学习领悟浙大精神的重要文本。浙大校歌歌词作者马一浮先生是一位国学大师，曾在浙江大学任教。

---

① 本文原载《愿继续耕耘在这土地上——邹先定退休后演讲录和文稿选编》，浙江大学出版社，2020 年 10 月版。在收入本书时，作者又增加了内容，并做了文字上的修改。

马一浮先生在 20 世纪 20 年代曾在浙大农学院之前身——浙江省立甲种农业学校作过演讲[1]。校歌曲作者为著名作曲家、当时国立中央音乐学院教授应尚能先生。歌词可分为三章。首章说明国立大学之精神；次章也就是主章，阐释国立浙江大学精神，阐释"求是"两字之真谛；末章，说明浙江大学当时的地位及其使命。我参考有关资料[2]，结合自己的学习体会试做字面上的理解，仅供参考。

首章共五句。开宗明义，提出国立大学的精神要求。

（1）**大不自多，海纳江河**。大学之大，在于不自满，永不满足，永无止境，无限地探寻，无限地进击，从不言多，就像大海一样广阔、深邃，兼容并蓄，博采众长，像大海一样容纳下千万条江河。

（2）**唯学无际，际于天地**。只有知识、学问、真理是无止境的，学问之道，无边无际，无穷无尽。古代哲学家庄子说："吾生也有涯，而知也无涯。以有涯随无涯，殆已！"[3]此乃对于个人生命而言，于人类而言永无止境。《易经》称："《易》与天地准，故能弥纶天地之道。仰以观于天文，俯以察于地理，是故知幽明之故。"[4]天以日月星辰悬示天象，如文章在天，故称"天文"。地有山川原隰，各有条理，故称"地理"。古代圣人善于观察宇宙万物，上可知天，下可见地，明宇宙万物之理，故可以知天明地幽之奥秘。古人常讲"究天人之际，通古今之变"，学海的边际一直延伸到整个宇宙。上下四方谓之宇，古往今来谓之宙。人类的认识从人体尺度到宏观、宇观、胀观，到微观、渺观，永无止境。人类深邃的思想，既像浩瀚的海洋，深不可测，也像静穆的崇山峻岭，广袤无垠。

（3）**形上谓道兮，形下谓器**。形上、形下源自《周易·系辞上》："形而上者谓之道，形而下者谓之器。"[5]形，可见。形而上者，谓处于实有形体之上的思想意识、理论方法、制度等。形而下者，如天地、动植物、器械等。因此，形而上者，无形者也，故谓之道；形而下者，有形者也，

---

① 《浙江省立甲种农业学校校友会刊》，1921 年。

② 浙江大学校史编写组：《浙江大学简史（第一、二卷）》，浙江大学出版社，1996，第 69—72 页。

③ 《庄子》，中华书局，2010，第 44 页。

④ 《周易》，中华书局，2014，第 569 页。

⑤ 同④，第 600 页。

故谓之器。《易经》讲："化而裁之谓之变，推而行之谓之通，举而错之天下之民谓之事业。"① 用"道"与"器"施于天下之民，使民皆能有用，则谓之事业。形而上，探索规律道理，认识世界，创造精神财富，精神变物质，在一定条件下也可转化为物质财富；形而下，改造世界，造福万民，创造物质财富，在创造物质财富的同时深化、丰富人的认识，从而在一定条件下转化为精神财富：形而上、形而下共同创造人类文明。

（4）**礼主别异兮，乐主和同**。礼制，着眼于规范不同的社会生活，主导合理的秩序，使之充满生机、有序。音乐、艺术、美学的主要职责是和谐生成，和而不同。因而"礼"规制类别、促进社会分工；乐则和同生谐，协和万方。

（5）**知其不二兮，尔听斯聪**。懂得礼乐殊途同归的道理，明白上下、别异、和同讲的都是对立统一、相反相成的道理，懂得世界一分为二的道理，你就会有聪慧之能，就会有永远的智慧和无比的聪明。首章五句，主要阐述国立大学的精神。

第二章为主章，共七句，诠释浙大"求是"真谛。

（6）**国有成均，在浙之滨**。国家有一所著名的大学，坐落在浩荡东流的浙江之滨。

（7）**昔言求是，实启尔求真**。1897 年，林启创建求是书院。所冠"求是"一词，出于《汉书·河间献王传》："修学好古，实事求是。"办学宗旨"居今日而图治，以培养人才为第一义；居今日而育才，以讲求实学为第一义"。"务求实学，存是去非。"② 浙江大学在西迁途中的 1938 年 11 月 19 日在宜山定下"求是"校训，并请马一浮先生作校歌歌词，距 1897 年已 40 余年，故称"昔言求是"。其实办学真谛在于启发师生们求是，即培养追求真理、献身真理的精神和勇气，并将其作为终生的信念，践行之。

（8）**习坎示教，始见经纶**。"习坎"为《易经》坎卦之名。"《象》曰：水洊至，习坎。君子以常德行，习教事。"③ 水之美德为渐、为默、为恒，"上善若水"。教学要像水那样恒久不息、循序渐进。"习坎"按卦

---

① 《周易》，中华书局，2014，第 600 页。古文"错"通"措"，"错之"即"措置"。
② 《浙江大学农业与生物技术学院院史（1910—2010）》，浙江大学出版社，2010，第 6 页。
③ 同①，第 267 页。

象，习有"练习""重叠"两义，"坎"为水。阳陷于阴中，故曰坎为险。险滩之事必须经过练习，才能涉渡通过。按常理，"习坎"就有重险和练习两个意思。全句意为，君子要像不断的水流一样保持持久的德行，常常地熟习政教之事，方能培育出经纶天下的俊才群英。

（9）**无日已是，无日遂真**。从字面上讲，意为千万不要以为已经做到了完全正确，更不要以为已经把真理穷尽。毛主席曾指出："人类的历史，就是一个不断地从必然王国向自由王国发展的历史。这个历史永远不会完结。……人类总是不断发展的，自然界也总是不断发展的，永远不会停止在一个水平上。因此，人类总得不断地总结经验，有所发现，有所发明，有所创造，有所前进。"[1] 整个人类发展史昭示我们"无日遂真"，真理的探寻永无止境。

（10）**靡革匪因，靡故匪新**。字面含义：没有一项革新可以脱离继承，也没有一件旧事物不需要更新。《大学》讲："苟日新，日日新，又日新。""周虽旧邦，其命维新。"[2] 这一句歌词，讲创新与继承的辩证关系。

（11）**何以新之，开物前民**。那么，拿什么来革新呢？怎样变革创新？要"开物前民"，即揭示事物的奥秘，率先为了人民，引导人民前进。

（12）**嗟尔髦士，尚其有闻**。国立浙江大学英俊年轻有为的同学们，大家起来。崇尚并努力争取成为博学多闻之人、有真才实学之人、品学兼优之人。

第三章，也是末章，共 6 句。阐述浙江大学时代责任、历史使命。

（13）**念哉典学，思睿观通**。意为大学生贵在始终如一地学习，深入思考，观察事物的变化和运动。

（14）**有文有质，有农有工**。在浙大，既有探寻精神世界的文科，又有揭示物质世界奥秘的理科，还有旨在经世济民的农科和工科。在此，我还引申开来一点，谈一点自己的联想。关于有文有质，我觉得还有一层涵义。中国古代文质指文采与质朴。文指文采，文饰与"质"相对，"质"指质地、质朴，与"文"相应。关于这一点，古人有许多精彩的论

---

① 逄先知、金冲及：《毛泽东传（1949—1976）》，中央文献出版社，2003，第 1364 页。
② 张剑钦：《十三经今注今译》（上），岳麓书社，1994，第 997 页。

述。如《论语·颜渊》："君子质而已矣，何以文为？"[①]《左传·襄公二十五年》："言之无文，行而不远。"[②]《后汉书·张衡传》："质以文美，实由华兴。"[③] 它们都探讨了文质的关系，因此"校歌"中"有文有质"还可联想到文质兼备的意思，指既有外在华美，又具坚实内质和品格。这是我的一点粗浅理解，提出来供大家参考。

（15）**兼总条贯，知至知终**。要综览全人类的知识，做到融会贯通。进德修业，立德树人，知道什么是根本，什么是终极。《大学》讲："物有本末，事有终始，知所先后，则近道矣。"[④] 兼总条贯，知至知终，也"则近道矣"。

（16）**成章乃达，若金之在熔**。这样我们才完成了完美的乐章，就像玉石受到琢磨，金属得到炼熔。

（17）**尚亨于野，无吝于宗**。要和平民百姓共命运来求是亨通，用今天的话来讲，就是要在为祖国崇高事业奋斗中、在为人民服务中成就出彩人生，放飞梦想，实现人生理想，摒弃那些谋私利的一派一宗、小团体利益。

（18）**树我邦国，天下来同**。建设好我们伟大的祖国，自立于世界民族之林，普天下都会和我们友好认同，天下为公，实现大同之中华民族的理想世界目标。

校歌产生于艰苦卓绝的浙大抗战西迁年代，正如竺可桢校长亲撰《国立浙江大学宜山学舍记》碑文所言："学校师生义不污贼，则走西南数千里外，边徼之地，讲诵不辍。上下兢兢，以必胜自矢。噫，此岂非公私义利之辨，夷夏内外之防，载在圣贤之籍，讲于师儒之口，而入于人人之心者，涵煦深厚，一遇事变，遂大作于外欤？"号召全体师生员工"应变以常，处困以亨，荡丑虏之积秽，扬大汉之天声，用缵邦命于无穷，其唯吾校诸君子是望乎？"[⑤] 在 21 世纪第二个十年后半段之今天，浙江大学跻身于中国"双一流"的第一方阵：A 类 36 所大学。也许是巧合，

---

① 《论语通译》，徐志刚译注，人民文学出版社，1997，第 149 页。
② 《左传》，岳麓书社，1988，第 232 页。
③ 《后汉书》，浙江古籍出版社，2000，第 540 页。
④ 朱熹：《四书集注》，陈戍国标点，岳麓书社，2004，第 6 页。
⑤ 《浙江大学农业与生物技术学院院史（1910—2010）》，浙江大学出版社，2010，第 22—23 页。

校歌有 18 句，2017 年浙江大学进入"双一流"学科建设的也是 18 个学科，其中农学院就有 2 个：园艺学和植物保护学。可喜可贺，艰难困苦，玉汝于成，更是一种责任与担当！嗟尔髦士，尚其有闻。树我邦国，天下来同。

二、竺可桢校长与浙大精神

这是一个很大的题目，竺可桢校长是浙大精神的倡导者和践行之典范，在此，我依据竺可桢校长的演讲文章①，进一步理解浙大精神。竺可桢先生是我国现代地理学和气象学的奠基者，是一位著名的科学家和教育家。竺可桢先生曾有一段学农的经历，1910—1913 年在美国伊利诺伊大学农学院学习，并获农学士学位②。他是一位关心和重视农业与农业教育的大家。竺可桢先生担任浙江大学校长 13 年，自 1936 年 4 月 25 日到校视事起，至 1949 年 4 月底杭州解放前夕止。这 13 年漫长的岁月，正是中华民族遭受外敌凌辱，继而奋起抵抗，并在中国共产党领导下最终战胜日本侵略者和国内反动派，建立人民新政权的历史关键时期。下面，我试从四个方面谈谈对竺可桢与浙大精神的认识。

1. "竺可桢之问"——浙大学子永恒的人生坐标

1936 年 9 月 18 日，竺可桢在担任浙大校长后的第一批新生入学时，对学生发表了"到浙大来干什么"的著名演讲。我们把它称为"竺可桢之问"。竺校长在这次演讲中着重讲了两个问题：第一，"到浙大来干什么？"；第二，"将来毕业后做什么样的人？"他把这次讲话归结为两点：第一，诸位求学，应不仅在做科目本身，而且要正确训练自己的思想；第二，我们人生的目的在服务，而不在享受。③"竺可桢之问"开宗明义，鞭辟入里，对求学目的、人生价值做出科学精辟的阐述，指出大学生不仅要精研科学和专业，还要学习正确的思维方式，人生的价值在服务、做贡献，而非享乐。

---

① 《浙江大学农业与生物技术学院院史（1910—2010）》，浙江大学出版社，2010，第 41 页。
② 同①，第 40 页。
③ 《国立浙江大学月刊》第 18 期，1936 年。

2. 深植于中华优秀传统文化，学慕前贤，身体力行

1938年11月，竺可桢校长作《王阳明先生与大学生的典范》的演讲，指出浙大"以时局影响而侨江西，而入桂，正是蹑着先生的遗踪而来；这并不是偶然的事，我们正不应随便放过，而宜景慕体念，接受他那艰危中立身报国的伟大精神"[①]。竺校长从做学问、内省力行的功夫、艰苦卓绝的精神、公忠报国的精神四个方面，论述王阳明精神。竺可桢校长在演讲中特意提到王阳明的名篇《瘗旅文》，指出"在学生时代时先有一番切实的精神准备，那么将来必然能克服困阻，成就我们的学问和事业"。竺可桢校长情真意切，殷切期望，以古代先贤王阳明为典范，旨在从中汲取营养，经过实践的砥砺磨炼，造就国难中大学生应具有的高尚品质和意志毅力。他指出："大学教育的目标，决不仅是造就多少专家如工程师、医生之类，而尤在乎养成公忠坚毅、能担当大任、主持风尚、转移国运的领导人才。"[②]"综观阳明先生治学，躬行，坚贞负责和公忠报国的精神，莫不足以见其伟大过人的造诣，而尤足为我们今日国难中大学生的典范。"

3. 反复阐述浙大求是精神真谛、践行途径

竺可桢校长指出："求是"就是实事求是，就是探求真理，"求是"精神就是奋斗精神、牺牲精神、革命精神、科学精神。他认为，对于求是路径，《中庸》说得最好，就是"博学之、审问之、慎思之、明辨之、笃行之"[③]。2014年5月4日，习近平总书记在北大师生座谈会上也强调了这一点。竺可桢在《科学之方法与精神》一文中特提出"求是"精神的三条标准：①不盲从，不附和，一切以理智为依归。如遇横逆境迁，不屈不挠，不畏强暴，只问是非，不计利害。②虚怀若谷，不武断，不蛮横。③专心一致，实事求是。不作无病呻吟，严谨整饬，毫不苟且。

4. 公忠报国拳拳赤子之心，溢于言表，跃于纸面

西迁途中，每到一地，竺可桢校长都要寻觅瞻仰先贤遗迹。在吉安，几次去清源山的阳明书院。六君子祠，供奉着周敦颐、程颢、程颐、

---

① 国立浙江大学校友会：《国立浙江大学（上）》，1985，第138页。作者对个别文字已作校订。

② 同①，第145页。

③ 浙江大学校史编写组：《浙江大学简史（第一、二卷）》，浙江大学出版社，1996，第68页。

邵雍、张载、朱熹 6 位理学先贤；四忠一贞祠，祭祀着欧阳修、周必大、胡铨、杨邦义、杨万里 5 位先师。在道心堂，有 1 尊杨万里的铜像。当元军攻破饶州时，他恪守民族气节，宁死不屈，率家中 80 多人投水而死。白鹭洲书院的学子诸如文天祥、邓公荐、刘子俊等人，莫不在民族危亡之际、国破家亡之时慷慨赴死，杀身成仁。竺可桢校长在演讲中多次提到"学慕前贤""公忠报国"。在《求是精神与牺牲精神》的演讲中，竺可桢还引用德国哲学家费希特（Fichte）的话："历史的教训告诉我们，没有他人，没有上帝，没有其他可能种种力量，能够拯救我们。如果我们希望拯救，只有靠我们自己的力量。"接着他号召浙大师生："诸位，现在我们若要拯救我们的中国，亦唯有靠我们自己的力量，培养我们的力量来拯救我们的祖国，这才是诸位到浙大来共同的使命。"竺可桢校长当时的演讲充满着爱国主义的悲壮激情，他公忠报国的思想、自觉的使命感和责任担当，溢于言表，跃于纸面，他充满睿智的科学精神和精辟论述，使浙大师生受到强烈的感染和深刻的教育。

竺可桢校长深受浙大全体师生的衷心拥戴，1941 年在遵义举行的一次毕业典礼上，全体毕业生为表达对竺校长的敬意，送给他一份贴着每个毕业生照片的相册和一支手杖。竺校长即席讲话中以前人集《论语》句咏手杖联，赋予新的涵义作答谢，也表达心志。这副对联是："危而不持，颠而不扶，则将焉用彼相矣？用之则行，舍之则藏，唯吾与尔有是夫！"[①] 意为：国家有危难，你不能相持撑，相扶帮，那么要你何用？！需要我的时候，就挺身而出，功成则退藏，不计利禄，我与你手杖是一样的！这形象地体现了竺可桢先生的风骨和操守。

同学们，浙大精神从求是书院发端，经百廿年发展、不断与时俱进，形成今天学校的完整表述："求是创新"校训，"海纳江河，启真厚德，开物前民，树我邦国"之浙大精神，勤学、修德、明辨、笃实之浙大共同价值观。这同 2014 年习近平总书记在北大师生座谈会上，对于自觉践行社会主义核心价值观的四点要求相同。浙大精神同社会主义核心价值观是一致的。习近平总书记指出："一个民族、一个国家的核心价值观必须同这个民族、这个国家的历史文化相契合，同这个民族、这

---

① 浙江大学校史编写组：《浙江大学简史（第一、二卷）》，浙江大学出版社，1996，第 153 页。

个国家的人民正在进行的奋斗相结合，同这个民族、这个国家需要解决的时代问题相适应。""一个民族、一个国家，必须知道自己是谁，是从哪里来的，要到哪里去，想明白了、想对了，就要坚定不移朝着目标前进。"[1] 我个人领会浙大精神是一种崇高的精神，在我们人生历程中是学业事业长征的出发点和基地，是战胜各种困难的集结号，也是风雨人生中遮风挡雨的心灵栖息之地。它更是勠力同心为祖国人民崇高事业而不倦奋斗的战斗进行曲！浙大精神随处可见，在百廿年辉煌历史中那些可歌可泣的人与事中，在著作、典籍、各种文字记载中，在祖国广袤的山川大地和世界各国，在全球 60 多万校友身上都可寻觅到浙大精神熠熠生辉的踪迹，正如古代先贤庄子所言，"道在瓦甓"[2]。

三、浙大精神在农科的传承和发展

浙大农科始于 1910 年，至今已经 107 年，将迎来 110 周年。在浙大，历史这样悠久的学院并不多。罗卫东副校长在《我心中的华家池——探寻浙江大学农科史与校园"乡愁"》序言中指出，浙大农学类学科的总体水平长期稳居国内前茅[3]，为浙江大学争创"双一流"做出贡献。今天我着重回顾历史，探讨浙大精神在农科特别是在农学院的传承和发展。

浙江大学革命先烈 15 位（包括校友），其中 5 位牺牲时是在校师生，他们是陈敬森、邹子侃、于子三、费巩、何友谅[4]，其中 3 位是农科的，农学院农艺系学生于子三被誉为"学生魂"。

浙江大学有 8 位教授入选中国现代科学家纪念邮票，其中农科 2 位，他们是林学家、林业教育家梁希先生和小麦专家、农业教育家、中国现代小麦科学的奠基人金善宝先生。

我查阅了 1989 年出版、金善宝先生主编的《中国现代农学家传》，传主共 110 位，浙大农科有 18 位，约占 16.4%。2011 年出版，由钱伟长

① 《习近平谈治国理政》，外文出版社，2014，第171页。
② 《庄子·知北游》，载《庄子》，方勇译注，中华书局，2010。
③ 邹先定：《我心中的华家池——探寻浙江大学农科史与校园"乡愁"》，浙江大学出版社，2016，序。
④ 杨达寿：《星星颂》，中国诗联书画出版社，2017，第297页。

先生任总主编、石元春院士担任农学卷主编的《20世纪中国知名科学家学术成就概览》的农学卷第一分册中，入选54位科学家，其中浙大农科11位，约占20.4%。据我的不完全统计，有20位两院院士在浙大农科学习工作过，有百余名知名专家、教授在浙大农科任教任职，其中有民国时期的教育部部聘教授吴耕民先生（全国1个学科1名），新中国成立后教育部评定的一级教授2名：吴耕民先生和陈鸿逵先生。他们中许多人为竺可桢先生的同事或学生，或聆听过上面提到的竺可桢演讲，或曾得竺可桢先生的关心和帮助，都曾受到过竺可桢言行风范的熏陶、影响。在一个多世纪的变迁、砥砺奋进中，浙大精神在农科、在农学院传承发扬，并形成农科的特色与传统。

1. 树我邦国的爱国精神

浙大农学院的前身——浙江省立甲种农业学校的师生英勇投身五四运动和大革命时期的斗争；浙江公立农业专门学院陈敬森烈士、邹子侃烈士均为共产党员，于大革命失败后惨遭反动派杀害，碧血丹心，为革命献出青春生命。

浙江大学是南方最先响应一二·九运动的学校，农学院学生在斗争中奋不顾身，其中杰出的代表有施尔宜（施平）。后来成为教授的赵明强、郑蘼，当时都是女生敢死队队员。施平曾经同蒋介石进行过面对面的斗争。[1]

在浙大抗战西迁时期，农学院随校全程参与。"走西南数千里外，边徼之地，讲诵不辍。"[2]沿途辛勤稼穑，传播农业科技，发展当地生产，又同仇敌忾，慰问救护伤员，上下兢兢，以必胜自矣。在此，我还想告诉同学们：1937年12月，日寇南京大屠杀，浙江大学农学院之前身——浙江省立甲种农业学校校长陈嵘先生，留守金陵大学，冒着生命危险，挺身而出，竭尽全力救助同胞。陈嵘先生早年留学日本北海道帝国大学，精通日语，后又留学美国哈佛大学以及德国德累斯顿的撒克逊林学院，通晓英语和德语，同拉贝等国际友人有良好的关系。陈嵘先生用流利的日语与日方交涉，慷慨陈词，揭露日军的暴行。陈嵘先生冒着生命危险

---

① 《浙江大学农业与生物技术学院院史（1910—2010）》，浙江大学出版社，2010，第17—19页。
② 同①，第22页。

参与巡逻，手持布告牌，保护了金陵大学安全区 3 万多名难民和知识分子免遭日军大屠杀。1938 年 2 月，在南京各安全区代表送别拉贝的联谊会上，陈嵘先生在议案书上郑重签名。拉贝也对陈嵘先生等难民代表予以高度评价："你们是比我们冒着更大的危险进行工作的，……你们的工作，将会载入南京的历史史册，对此我深信不疑。"抗战胜利后，陈嵘先生获胜利勋章。在南京的拉贝纪念馆、侵华日军南京大屠杀遇难同胞纪念馆，均有记录陈嵘先生事迹的专窗。[①]

　　同学们，今年是于子三烈士殉难 70 周年，在《中国共产党历史》（四卷本）和《中国共产党九十年》（三卷本）两部党史著作中，竺可桢和于子三是浙大有记载的人物。[②] 在新中国成立后，柳支英教授、李平淑助教（女）响应祖国召唤，当即奔赴朝鲜战场，投身抗美援朝反细菌战斗争。农学院这些珍贵的历史，我已多次在不同场合做过介绍，今天就不再展开了。公忠报国、树我邦国的爱国主义情怀和光荣传统，像一条红线贯穿于农学院一个多世纪的辉煌历史。

2. 学农爱农，以身许农，开物前民

　　园艺泰斗吴耕民当年 19 岁考入北京农业专门学校，遂改名"耕民"，以示志农之决心，得到鲁迅先生的赞许。"当代茶圣"吴觉农在五四运动影响下，立志为振兴祖国农业而奋斗，故更名"觉农"。著名农业科学家沈宗瀚在自传《克难苦学记》中详细描述了他自己克服种种阻力和经济困难，立志为祖国农业发展献身的事迹。陈子元院士是研究化学的，在 20 世纪 50 年代初全国院系调整中，来到浙江农学院，潜心于核农学教学研究工作，一直至今。他虽已年逾九旬，仍坚持每天步行上下班，寒暑无间。他在传记的自序中写道："以身许农，已成为我一生的追求和实践。"[③]

　　吴耕民先生毕生致力于园艺事业，晚年仍勤奋笔耕，此时为他一生中著述最为丰厚的时期。屈天祥教授猝死在办公室。朱凤美教授去世时

---

① 参见陈嵘文化研究筹备组:《林学泰斗陈嵘先生》，铅印本，2017，第 5-7 页。《浙江大学历史文化名人》，2007，第 13 页。
② 中共中央党史研究室:《中国共产党历史》第一卷下册，中共党史出版社，2011，第 773 页。
③ 《让核技术接地气——陈子元传》，中国科学技术出版社，上海交通大学出版社，2014，第 3 页。

倒伏在书桌上，笔尖上还蘸有墨水。丁振麟校长的骨灰撒在华家池校园里，永远和他的母校及为之呕心沥血奋斗一生的农业科学、教育事业融合在一起。朱祖祥院士在长江三角洲科学考察中不幸因公逝世。浙大农科的先贤前辈们，学农爱农，以身许农，堪称典范。

一个多世纪以来，浙大农学院，薪火相传、辛勤耕耘，取得了辉煌的成就，创造了诸多傲人的全国和世界第一。

如，中国近代第一座植物园在浙大农学院创建；第一本小麦专著为金善宝先生的《实用小麦论》；沈学年先生创立我国耕作学，主持编写我国第一部《耕作学》，如此等等，有许多农科第一部教材出自浙大农学院；杨新美创新"孢子弹射法"，在世界上首次获取银耳菌芽孢；李曙轩在世界上最先用激素控制瓠瓜性别表现；孙逢吉在世界上首次运用多项回归方法研究甘蔗产量与气候关系；全国第一个农业生态研究所、第一个农业生态毒理实验室……不胜枚举。在 2017 年 5 月浙大 120 周年校庆之际，《中国国家地理》浙大专刊约我写一篇关于浙江大学原子核农业科学研究所（简称核农所）的文章，核农所人员不多，目前属二级学科依托单位。核农所的创建者陈子元院士荣膺"四个第一"：开创中国高等农业院校第一个同位素实验室，制定中国第一部农药安全使用标准，国际原子能机构（IAEA）顾问委员会的第一位中国科学家，中国核农学的第一位院士。核农所的"世界第一"有：夏英武教授培育的"浙幅 802"为当时全球推广面积最大的诱变水稻品种；高明尉教授首创世界上第一个利用体细胞无性变异技术育成的小麦品种"核组 8 号""核组 9 号"和杂交稻组合；华跃进教授在世界上首次鉴定了昆虫激素的一种前胸腺体抑制剂（PTST）；核农所育成目前全球藻丝最长的高产超长纯螺旋藻新品系。[1]

早在 1929 年梁希先生在浙大农学院任教时就撰文指出："安得恒河沙数苍松翠柏林，种满龙井、虎跑，布满牛山、马岭，盖满上下三天竺、南北两高峰，使严冬经霜雪而不寒，盛夏金日流、火山焦而不热，可以大庇天下遨游人……"[2] 此话可理解为建设发展中生态理念、绿色理念之先声，在当时是有远见卓识的超前意识，于现今也仍不失指导价值。

---

[1] 《中国国家地理》2017 年第 5 期，第 183-185 页。
[2] 《浙江大学农业与生物技术学院院史（1910—2010）》，浙江大学出版社，2010，第 18 页。

浙江大学农科是全国最早招收外国留学生的教育机构，培养亚非欧美四十几个国家及地区，特别是非洲的留学生。浙大农业专家的足迹遍及非洲喀麦隆、乍得、马达加斯加、乌干达等国家。埃塞俄比亚总统特地访问当时的浙江农业大学（现浙江大学）。越南留学生阮功藏毕业回国后，担任越南农业部部长、副总理等职务。

浙江大学农科积极投身国家扶贫工作，自1987年起承担全国贫困县县长的培训任务。想当年，林乎加同志亲自作动员报告；农业部原副部长朱荣同志坐镇华家池；我作为承担培训任务的主讲教师，还专程去云南贫困地区做实地考察调研，为学员授课。

综上所述，仅为浙大农科以自己的辛勤和创新，开物前民，为农业发展、民族复兴做贡献的若干事例。

3. 勤奋朴实，启真厚德

竺可桢校长曾经讲过："浙大的精神可以'诚''勤'两字，学生不浮夸，做事很勤恳，在社会上声誉很好。"[1]中华民族自古以来就以勤劳勇敢著称于世，"勤劳"一词，最早出自我国古老的典籍《尚书》，如"勤劳王家"（《金縢》）、"勤劳稼穑"（《无逸》）。勤劳、朴实具有勤奋、坚毅、抱朴守真的涵义，这种内质和品格在浙大农科得到传承和发扬。

吴耕民先生重实践轻虚名，提倡勤奋刻苦的学习精神，常以"人一能之，己百之；人十能之，己千之"来勉励后代。同时又十分注重田野调查的实践，反对从书本到书本，强调"田间备课""现场教学""实地调查""与果蔬对话"等理论联系实际的教学和研究方法。吴耕民先生虽只有一张大专文凭（北京农业专科学校），但在1943年被学界推荐为部聘教授，在新中国成立后被评为一级教授，为全国高校教师中的翘楚。他一生勤奋坚毅地践行并实现"躬耕不息，惠民育才"之抱负，堪称"讲坛师范，园艺泰斗"[2]。

农学家周承钥教授，是美国康奈尔大学农学院的博士，精力充沛，兴趣广泛，个子不高，喜爱网球，曾获康奈尔大学农学院网球赛冠军，也是农学院业余乐队的小号手。20世纪30年代初，他是中央大学

---

① 竺可桢：《新生谈话训辞》，《浙大月刊》1936年9月23日。
② 《20世纪中国知名科学家学术成就概览（农学卷·第一分册）》，科学出版社，2011，第200—201页。

最年轻、最有才华的教授之一，他和姚钟秀首译美国遗传学家辛诺特（Simnott）和邓恩（Dann）编著的《遗传学原理》，由商务印书馆出版。这是他为传播和扩大孟德尔-摩尔根遗传学在中国的影响所做的贡献。

周承钥先生治学严谨，学识渊博，授课不用看讲稿，仅凭记忆，深入浅出，旁征博引，娓娓道来。他语速平缓，对公式及原理如数家珍，不停地在黑板上书写、推导，同学们无不被他博学的知识和惊人的记忆力所折服。周承钥先生桃李满天下，他的学生有蔡旭、徐冠仁、徐履圻、鲍文奎、吴兆苏等。他所教过的学生，包括农林牧及生物学各种专业，获得博士学位的有几十名，任国内外教授和研究员的达数百名。

周承钥先生在少年时代就勤奋刻苦学习，生活俭朴。在中学时代，冬天和着棉袍睡，一是因为生活清贫，二是为了早上能迅速起床。他不畏权势，不慕名利，追求真理。"文化大革命"期间，他身处逆境，仍以强烈的自尊心和爱国心，平静、淡定的心志，面对遭遇，艰难地度过一段难熬的时光。直至粉碎"四人帮"后，周承钥先生恢复了勃勃生机，眼里又重新焕发睿智的光芒[1]。1972年，我恰好住在当时的红八楼，同身处逆境的周承钥先生为邻居，也有机会从另一视角见识浙大农科教授在遭横逆之境遇时不屈不挠、不畏强暴、只问是非、不计利害的求是精神和高尚品格。

4. 强健体魄

竺可桢校长在《求是精神与牺牲精神》演讲中，要求浙大学生"要有健全的体格，肯吃苦耐劳、牺牲自己、努力为公的精神"，并在不同场合多次强调强健体魄的重要性。他重视体育，自己曾在舒鸿的陪同下，在华家池游泳[2]。浙大农学院学生体育成绩出色。如在1931年浙江省运动会上，戴礼澄荣获十项全能冠军，张受天获标枪第一名，代表浙江省出席全国运动会。农学院1936届球队两次夺得浙大全校级篮球赛冠军。1942年5月4日，浙大在湄潭举行抗战时期首届春季运动会，农学院男生取得全部竞赛项目第一名，女子包揽除垒球掷远外田径项目第一名。[3]

---

① 《20世纪中国知名科学家学术成就概览（农学卷·第一分册）》，科学出版社，2011，第536—540页。
② 《浙江大学农业与生物技术学院院史（1910—2010）》，浙江大学出版社，2010，第15页。
③ 同②，第11、26页。

吴耕民先生认为："身体健康是求学和将来工作之本。"他还说："皮之不存，毛将焉附。……延年益寿，则一人工作可抵二人，生命增值对人生意义极大。"他历来重视强健体魄，科学养生。吴耕民先生的强身方法很简单：一、坚持走路，每天一万步；二、洗澡，用软刷擦皮肤。他从20岁开始，风雨无阻坚持了75年。他在保健方面主张"天人合一，顺应自然"，不熬夜，不赖床，不抽烟，不饮酒，少零食，八分饱，荤素搭配，常食水果等。正是强健的体魄、豁达的心志，使他历经磨难，在80岁后仍能保持旺盛的创作激情。

同学们，浙江大学农学院有悠久辉煌的历史和光荣传统，作为浙大及农科的重要学院，肩负着时代使命和责任担当。9月21日，教育部正式公布了"双一流"建设高校及学科名单。我重温习近平总书记2014年5月4日在北大师生座谈会上的讲话，在论述办好中国的世界一流大学时，提到北大、清华、浙大、复旦、南大等中国著名学府。我对照"双一流"名单，发现浙大是其中农科实力较雄厚的综合性大学。当前，中国农科的高等教育建设模式有两种：农科由单科走向综合化、综合性大学办农科。在"双一流"建设版图中，浙大农科在全国名列前茅。这是浙大的特色和优势，也是浙大的责任和担当。"三农"问题是关系国计民生的根本问题，是全党工作的重中之重。中国在21世纪将全面建成小康社会，从来没有像今天这样接近中华民族伟大复兴目标。我相信，在座的莘莘学子一定会继承发扬浙大精神，勤学、修德、明辨、笃实，于在校的宝贵时间里加强自我修炼，砥砺奋进，品学兼优，将来堪当大任，成为实现农业强国的中华英才！

浙大精神永放光芒！

谢谢大家。

（2017年9月23日于浙大紫金港校区蒙民伟楼报告厅演讲）

浙大农科的传统与使命

各位同学：

下午好！

在党的十八大胜利召开之前夕，我想就"浙大农科的传统与使命"这一主题，与你们谈谈自己的体会。我主要说三点：第一，浙江大学农科概况；第二，浙大农科的优良传统；第三，农业发展的挑战与农科大学生的使命。并以此与同学们共勉。

一、浙江大学农科概况

浙江大学是著名的综合性大学，历史上早就设有农业学科。1910年，浙江农业教员养成所成立，标志着近代浙江农业科技教育的开端，至今已有102年的悠久历史。如今浙大农业学科的分布有两种类型：①单独成为一个学院的，如农学院、动物科学学院、生物系统工程与食品科学学院等；②与其他学科合并，组建成新的学院的，如环境与资源学院、生命科学学院和公共管理学院等。其涵盖农业的植物生产、动物生产、农业环境与资源、农业经济与管理、农业工程、农业食品科技等领域。原浙江大学、杭州大学、浙江农业大学、浙江医科大学四校合并前，农业学科都在浙江农业大学。浙江农业大学之前身为浙大农学院。浙大农学院的历史可追溯到创建于1910年（清宣统二年）的浙江农业教员养成所，它是我国最早引进西方现代农业教育的院校之一。后沿革为浙江中等农业学堂、浙江中等农业学校、浙江省立甲种农业学校、浙江公立农业专门学校,直至 1927 年 7 月国立第三中山大学成立(浙江大学之前身)。当时改组浙江公立农业专门学校为国立第三中山大学劳农学院(后称浙江大学劳农学院、农学院)。浙江公立工业专门学校改组为工学院。1928 年 8 月浙大成立文理学院。蔡邦华院士曾赋诗"巍巍学府,东南之花。工农肇基,文理增嘉。师医法学,雍容一家",反映了这一历史事实。因此,国立第三中山大学劳农学院是浙大最早的学院之一,浙大农科发展的历史悠久也由此可见。下面我们就循着农学院沿革演变的历史轨迹来了解浙大农科发展的概略。

浙江大学农科发展的历史可追溯到 1910 年创建的浙江农业教员养成所。从 1910 年创建浙江农业教员养成所到 1927 年国立第三中山大学劳农学院成立,历时 17 年,可视为浙大农学院的前史。

1927 年至 1952 年全国院系调整前,为浙江大学农学院时期。其中历经艰苦卓绝的抗战西迁。1949 年 10 月 1 日,中华人民共和国成立,翻开了浙江大学历史崭新的一页。

1952 年全国院系调整至 1998 年"四校合并"组建新的浙江大学前,1952—1960 年为浙江农学院时段,1961—1998 年为浙江农业大学时段,该时期共 46 年。

1998 年"四校合并",1999 年成立农业与生物技术学院(简称农学院),其他农科学院、涉农学院也陆续组建,至今历时 14 年。浙大农业学科这一时期的分布刚才已做介绍,不再重复。

浙大农业学科 100 多年来的奋斗历程曲折而不凡,几经易名,几经分合组建,几经迁播,负笈转徙,历经各种磨难和考验,始终与民族命运共浮沉,和时代脉搏同起伏,为民族的振兴、社会的进步、国家农业科技和现代农业的发展做出不可磨灭的重要贡献,同时为国家担当培养人才、创新科技、传承文化、服务社会的崇高使命。浙大农业学科 100 多年发展的辉煌历史,足以令后继者肃然起敬,并将之发扬光大。

进入 21 世纪,浙大农科成绩斐然。2012 年,浙大农业学科在全球同类学科学术排名中居第 43 位(2011 年为第 45 位)。仅以植物生产为例,植物保护学、园艺学、作物学等一级学科均居国内同类学科整体水平之前茅。园艺学、植物保护学等一级学科及生物物理学、作物遗传育种等二级学科均为国家级重点学科。其他农业学科情况也差不多,呈现强劲的竞争优势。浙大农业学科也是"全国优秀博士学位论文"的多产学科群。

浙大农业学科培养了数以万计的农业科技人才，他们之中有中国科学院院士吴中伦、李竞雄、朱祖祥、施履吉、沈允纲。进入 21 世纪，朱玉贤当选为中国科学院院士，陈剑平、吴孔明当选为中国工程院院士。朱玉贤 1982 年毕业于农学系，陈剑平 1985 年毕业于植保系，吴孔明 1987 年毕业于植保系，都是农学院校友。陈剑平同时被选为第三世界科学院院士。

从浙江农业教员养成所所长陆家骦费尽心力，因陋就简，培养专门人才伊始，有一百多名农学硕彦在浙大农学院任教任职，其中不乏农业科学的泰斗、大师、先哲、先贤。如陈嵘、许璇、谭熙鸿、钟观光、金善宝、梁希、蔡邦华、卢守耕、吴耕民、陈鸿逵、蒋芸生、庄晚芳、祝汝佐、陆星垣、李曙轩、汤惠荪、虞振庸、蒋次升、朱凤美、丁振麟、朱祖祥等，在中国农业科学星光灿烂的天空中占据了一席之地。

在这里特别要指出，浙大农科学生中有于子三、陈敬森、邹子侃等革命先烈，他们在人们的心目中筑起永远的丰碑。于子三烈士为民族独立、人民解放而艰苦奋斗、百折不挠、英勇献身的爱国精神被誉为"学生魂"。周恩来同志对"于子三运动"予以高度评价，指出"于子三运动"是继抗暴和五月运动之后又一次学运高潮。

浙大农学院毕业生遍布全国各地，大都为农业教育、科研和科技推广的骨干力量，有的是国内外知名的专家学者，还有的担任学术界或政府部门的领导职务。如新中国成立之前毕业的进步学生滕维藻，为著名经济学家、教育家，曾任南开大学校长；施尔宜（施平）于新中国成立后担任北京农业大学党委书记、校长，华东师范大学党委书记，上海市人大常委会副主任兼秘书长等职务；改革开放后，刘锡荣、周国富、舒惠国、黄智权、王辉忠、李青等走上省部级领导岗位。农科毕业生在各地、市、县担任领导职务的更是难以统计，20 世纪 80—90 年代，浙江农业大学有"浙江的黄埔军校"之称，在毕业生中涌现了一大批如邵根伙、田宁、朱敏这样的创业先锋、企业领军人物。另外，浙大农科还培养了来自亚洲、非洲、欧洲、美洲等 40 多个国家和地区的留学生，其中越南留学生阮攻藏回国后担任越南农业部部长、副总理等职务。

同学们，这是一部沉甸甸、金光闪亮的浙大农科发展史，是每一位农科的学子引以为豪并感到无上光荣的历史。

二、浙大农科的优良传统

浙大农科在100年的创建、100年的追求、100年的坚守、100年的传承中形成了自己宝贵的优良传统，我把她概括为求是、勤朴。"求是"是竺可桢校长在西迁途中亲定的浙大校训，大家比较熟悉。求是必务实。求实必须摒弃虚伪、浮夸、矫饰，相反地，需要诚信和踏实。勤朴是一种作风、内质，是求真务实、实事求是的保证。勤的涵义丰富而深刻。勤可理解为勤奋、勤俭、认真、努力；朴具有朴实、朴素、质朴的涵义。关于农科求是、勤朴的优良传统，我在农学院的百年院史中做过详细的梳理和诠释。今天我着重讲三点：爱国传统、学农志农爱农和科学创新。

1. 爱国传统

爱国传统就像一根红线贯穿于浙大农科发展历史的全过程。于子三、陈敬森、邹子侃等先烈为新中国的建立献出年轻的生命。浙大农科随校西迁、艰苦卓绝、成绩斐然。著名的英国科学家李约瑟及其助手在参观当时位于湄潭的农学院后，赞不绝口，并在《自然》周刊上撰文介绍，浙大农学院名扬海外、声誉四起。

钟观光（1868—1940），我国近代植物系的开拓者、植物分类学的奠基人。他目睹当时军阀混战、帝国主义瓜分中国、人民大众处于水深火热之中的惨状，立志走科学救国之路，冀求国富民强，抵御外侮。他长途跋涉，最早到野外采集植物标本，悉心整理，辨其类群，在笕桥浙大劳农学院创建我国近代第一座植物园并建立植物标本馆。钟观光为中国近代野外植物采集第一人。

柳支英（1905—1988），昆虫学家，中国蚤类昆虫研究的奠基人，编写中国第一部蚤类简志。在抗美援朝的战场上，柳支英以自己渊博的知识和精湛的科研能力为反击侵略者的细菌战做出贡献。当时柳支英肺病尚未痊愈，但他毫不犹豫地参加抗美援朝，在朝鲜前线因翻车而受伤。在反细菌战中，他上前线搜集毒虫标本，进行鉴定并指导防治。他为国际调查委员会提供美帝发动细菌战的铁证，因为这些昆虫种类在中国和朝鲜根本没有分布，完全是北美的种类。柳支英还提出判别敌投昆虫（动物）的"三联系、七反常、一对照"的原则，在抗美援朝斗争中发挥了很好的作用。1952年，柳支英获卫生部颁发的"爱国卫生模范"奖章和奖状，并被朝鲜民主主义人民共和国授予"三级国旗勋章"。

朱凤美，著名植物病理学家，我国植物病理学科奠基人之一，曾任教于浙江农学院。在他逝世时，桌上还展开着尚未读完的一页书，钢笔上尚留着未尽的墨水。

丁振麟，著名农学家，曾任浙江农业大学校长。1945年公费赴美留学，在艾奥瓦农工学院与康奈尔大学研究作物育种，是一位治学严谨、理论联系实际、有突出贡献的农业科学家。1979年6月，丁振麟校长不幸病逝。按照他生前的遗愿，他的部分骨灰撒在华家池校园内，永远和他的母校及为之呕心沥血奋斗一生的农业科学、教育事业融合在一起。

朱祖祥，著名土壤学家，我国土壤化学的主要奠基人，中国科学院院士，浙江农业大学校长、名誉校长，我国农业科技与教育领域的一代宗师，浙大农学院农艺系毕业。1938年，年仅22岁的朱祖祥留校任教，自此开始其农业教育与研究生涯，直至1996年，80岁高龄的他在科学考察途中不幸因公逝世。朱祖祥为祖国、为农业、为人民无私地贡献出自己的一切。

浙大农科的先贤们献身农业、服务人民的爱国传统将永垂青史。这令我们想起了马克思的名言："如果我们选择了最能为人类福利而劳动的职业，我们就不会为它的重负所压倒，因为这是为人类所做的牺牲；那时我们感到的将不是一点自私而可怜的欢乐，我们的幸福将属于千万人，而我们的事业并不显赫一时，但将永远存在；而面对我们的骨灰，高尚的人们将洒下热泪。"[1]

2. 学农志农爱农

"学农志农"是20世纪20年代浙大农学院首任院长谭熙鸿提出的。中国是世界农业的发祥地之一，对人类的农业科技做出过不可磨灭的贡献，但在近代落伍了。20世纪初期，当时的有志青年目睹凋敝衰败的农业和农村，恒下决心，以图振兴农业、改变国家面貌。

---

[1]　马克思：《论青年选择职业》，转引自《光明日报》2011年3月27日第7版。

沈宗瀚先生就是其中之一。他曾就读于浙江省立甲种农业学校（浙大农学院前身）并从此开始其学农生涯，后成为我国著名农业科学家，有"台湾现代农业之父"之称，是浙大农学院著名农学家沈学年教授的哥哥。沈宗瀚教授写过一本《克难苦学记》的自传体著作，详细记述了他自己克服种种阻力和经济困难，立志为祖国农业发展献身的事迹。其中包括他在笕桥浙江省立甲种农业学校求学的经历，并记述了他同吴耕民、卢守耕同窗刻苦攻读的历程，弥足珍贵。此书撰写于1936年，1954年在台湾出版，先后重印10次。全书仅7.7万字，却有胡适、蒋梦麟作序，钱天鹤作跋。此书1990年在大陆出版时，由沈宗瀚早期的学生、著名植物病理学家、北京农业大学教授裘维蕃作序。胡适是中国著名学者，新文化运动的知名人物。他留学美国时，曾在康奈尔大学附设的纽约州立农学院学过农科。蒋梦麟，国立第三中山大学校长，也是浙大首任校长，后任国民政府教育部部长等职。他本人早年曾在美国加州大学农学院学习过农科。蒋梦麟为办好浙大农学院倾注了大量心血，农学院的湘湖农场就是在他主校期间创办的，蒋梦麟还亲自任湘湖农场委员会主席。钱天鹤，1925—1927年任浙江公立农业专门学校（浙大农学院前身）校长，后任农林部常务次长、联合国粮农组织顾问等职。蒋梦麟、钱天鹤均与浙大农学院及其前身有深厚的历史渊源。

　　沈宗瀚的《克难苦学记》是一本励志学农的好书，今特向农科学生推荐。沈宗瀚在书中袒露自己在困难中坚持攻读农科的心路历程。他自我分析，坚持学农的理由有三：一、历尽艰难学习农业，不肯轻易放弃；二、以农民痛苦最深，刻苦改良农业，于心亦安；三、以余天资中等，能及人或胜人者，全赖勤学苦读，积年累月，专心一志，人一能之己十之，人十能之己百之，对于农事既已稍有基础，不肯轻易放弃。他认为，如见异思迁，则前功尽弃，"自问学农非自私自利，亦不希得高官厚禄"[①]。沈宗瀚先生出身于农村耕读人家，家境贫寒，他的全部求学过程是在不断地克服种种人事方面的阻力和经济方面的困难之后完成的。沈宗瀚对骄奢淫逸、挥霍无度之恶浊风气深恶痛绝，严于律己，克难苦学。他从小学至留学无不冲破重重障碍而达到目的。等他学成以后，为我国

---

① 　沈宗瀚：《克难苦学记》，科学出版社，1990，第48页。

开创了小麦育种的先河，并培育了农业科学方面许多有用人才，为祖国农业发展做出贡献，成为我国著名的农业科学家。他在晚年说："来生仍愿生于清寒的耕读世家，仍愿苦学农业，且终生服务农业。"他一生忠于职守，治学严谨，跟他一起工作过的人都被他全心全意为农民服务的精神所感动。勇于承担应当承受的痛苦，得到的往往是幸福；反之，享受不应享受的幸福，得到的往往是痛苦。这是我阅读《克难苦学记》后关于苦乐观的一点体会。

沈宗瀚先生的夫人沈骊英为著名育种学家。迄今为止，大陆只有两个品系的小麦是以人名命名的，其中之一就是以沈骊英之名命名的小麦品系。她忘我工作，献身农业。1938年，她双腿剧痛，无法行走，是请人抬到田间去工作的。在艰难的抗战时期，她选育出9个小麦新品种。沈学年教授是沈宗瀚的弟弟，著名农学家，浙大农学院教授，曾育成小麦良种"武功27号"（又名碧玉麦）和"武功14号"（又名蚂蚱麦），在关中平原大面积推广种植。他进行的小麦杂交育种工作，为新中国成立后黄河流域大面积推广的"碧蚂1号"的选育成功打下了基础。沈学年在浙江主持的"麦稻三熟制双千斤试验"，为我国耕作制度的改革、"四良"（良田、良制、良种、良法）配套粮食生产的发展做出贡献。沈学年主持编写我国第一部《耕作学》教材，创立我国的耕作学。

吴耕民（1896—1991），我国著名园艺学家、农业教育家、中国近代园艺事业的奠基人之一。吴耕民19岁考入北京农业专门学校时，改名"耕民"，以示学农志农之决心。在赴日本留学前，吴耕民特地拜访了鲁迅先生，并把自己改名一事告诉了先生。鲁迅高兴地说："你学农并改名耕民，名实相符，很好。"鲁迅还说："你已农专毕业，且成绩不错，农业科学已有根底，到日本深造，不要贪多，应专攻一门，则三年有成，可回国做贡献。"[①] 吴耕民没有辜负鲁迅的期望，在他长达70多年的学术生涯中，呕心沥血、辛勤耕耘，将毕生的精力奉献给祖国的园艺和农业教育事业，在研究总结传播近代园艺科学知识和培养园艺人才方面做出了重大贡献。早在20世纪30年代初，吴耕民在西北，见当地百姓仅以盐、醋、酱油、辣椒（称为"四大金刚"）佐餐，就从山东引进大白菜、甘

---

① 《纪念吴耕民教授诞生一百周年论文集》，中国农业科技出版社，1995，第1页。

蓝、番茄和瓜类等蔬菜进行试种并推广。之后，他又从青岛、日本引进大量树苗，尤以苹果苗为多，后来在西北大量种植的金帅、元帅、国光、红玉等优良品种就是那时引入的。吴耕民和他的学生沈德绪教授选育的"浙大长"萝卜至今仍负有盛名。1921年吴耕民在东南大学任教时，适逢梁启超讲学，他就在农场的"菊厅"请梁启超品尝番茄菜肴。因番茄味美，梁启超每餐必食并宣传之，番茄就推广开来了。吴耕民的晚年是他一生中著述最为丰厚的时期。他虽年事已高，视力、听力和记忆力日渐衰退，但精神格外振奋，每天伏案笔耕，在短短的十年时间里出版4本专著计334万字，倾注了他毕生的心血，对弘扬我国农业科学、促进农业生产、培养农业人才都产生了积极而深远的影响。吴耕民真正践行了"耕耘为民"的理想和志向。他的学生、曾在浙大农学院任教的著名柑橘专家章文才教授赞颂他："耕民先师，园艺泰斗，高徒万千，遗著盈车，奠基黄岩，功过彦直，① 蔬果飘香，造福千秋。"1986年，91岁高龄的吴耕民光荣加入中国共产党，实现了他平生的夙愿。

因篇幅所限，我仅举以上典例。其实浙大农科的科学家们都有自己学农志农、奋斗不已的感人事迹，使我们感动和景仰。

3. 科学创新

"创新"一词为美籍奥地利经济学家熊彼得（J. Schumpeter）于1911年首先提出，原为经济学概念。实际上，在人类历史长河中，创新实践是一以贯之的。农业科学属应用科学，但也有其特有的理论基础、逻辑体系，有待我们去思考、探索和创新，从而有所发现、有所发明、有所创造、有所前进。浙大农科发展历史也是一部不断地科学创新的历史。仅以植物生产方面的创新成果为例，基本上是每两年就有一项世界领先或国内首创的突破。有兴趣的同学可查阅《浙江大学农业与生物技术学院院史（1910—2010）》。创新是浙大农科发展的"心脏"和"灵魂"。我们以陈子元院士的科学研究轨迹为例来认识科学创新在农科发展中的地位和作用。

陈子元院士是中国核农学的先驱和奠基人之一，著名的核农学家、农业教育家。1958年，他在华家池创建我国农业院校中第一所同位素实

---

① 彦直指南宋温州太守韩彦直，其著作《永嘉橘录》被誉为世界上第一部柑橘专著。

验室。华家池的核农所被誉为"陈子元的哥本哈根"。陈子元原本是搞化学的，1958年因国家需要转到农业原子能应用的领域。1960年任主持工作的农业物理系副系主任，1978年晋升为教授（实际上，陈子元1951年就被上海水产专科学校聘为兼任教授，时年27岁），1984年任博导，1980—1981年被聘为美国俄勒冈州立大学客座教授，1985—1988年被聘为国际原子能机构（IAEA）科学顾问委员会委员（他是中国第一位参加该组织的专家，当时也是科学顾问委员会中唯一的中国科学家），1991年当选为中国科学院院士（当时称学部委员）。至今，年近九旬的陈子元院士仍孜孜不倦地进行核农学科学研究工作，每天步行去位于华家池的东大楼办公室。

陈子元院士20世纪的学术研究上大致上可分为这样几个阶段。

50年代末，开始接触原子核物理学，并投身原子能农业应用的新领域，艰苦奋斗，白手起家，与同事们一起创建国内农业院校第一所同位素实验室。

60年代，主持合成15种同位素标记农药，为农药残留及环境保护提供必要的科研条件和手段，并填补国内空白，开拓了应用同位素示踪技术研究农药及其他农用化学物质对环境污染及其防治的新领域。1962年，美国海洋生物学家蕾切尔·卡逊（R. Carson）在大洋彼岸发表了她的惊世骇俗之作《寂静的春天》，揭示了滥用农药的可怕危害；自1963年起，核农学家陈子元已在华家池默默无闻地应用同位素示踪技术对农药残留问题进行研究，发表了一系列科学论文。

70年代，主持了国家"农药安全使用标准"科研项目，整整花去6年时间，研究制定了29种农药与19种作物组合的69项"农药使用安全标准"，全国43所高校和科研机构、100多名科技人员协作进行试验研究。国际上，1987年布伦特兰夫人报告、有"绿色圣经"之誉的《我们共同的未来》发表，标志着人类关注包括农业在内的环境问题。

80年代，致力于农业生态环境保护。主持并完成国家"农药对农业生态环境影响的研究"项目，摸清了几种取代"六六六"的新农药在农业生态环境中的规律。在国内首先采用了示踪动力学数学模型研究农药及其他农用化学物质在生态环境中的行为去向与运动规律。使农药和农用化学物质与生态环境的单因子的、静态的关系变为复因子的、动态的关系，使定性关系变为定量关系，从而能更准确地为农药生产与安全使用提供理论依据。

1983 年，陈子元等主编的核农学巨著《核技术及其在农业科学中的应用》出版，被认为是当时该领域内容最为丰富的专著。国际原子能机构培训部主任兰纽泽阿塔（L'Annunziata）博士对此书给予高度评价："此书会对中国农业科学的发展产生重大的影响，开拓了应用同位素技术研究农药及其他农用物质对环境污染防治的新领域，为该学科的发展起到奠基和推动作用。"[①]

90 年代，陈子元把农药对生态环境影响的研究深入到分子水平上来探究其对环境污染的机理，进而提出了用微生物基因工程和分子生物学方法来解决生态环境保护中的问题。从理论路线图讲，只要了解某种环境污染物分子的化学结构，就可以选用相应的目的基因，通过 DNA 重组，获得新的微生物，用来降低残留、消除污染。1992 年在巴西召开的地球峰会上，著名的《里约环境与发展宣言》（又称《地球宪章》）、《21世纪议程》等重要文件发布。人类第一次从环境保护和经济发展有机联系的高度，提出了可持续发展战略及人类顺利跨入 21 世纪的行动纲领。陈子元院士核农学的深入研究实际上是对人类重大关切的响应和支持。

综上所述，科学创新使科学家不断地"与时俱进"。在陈子元院士科研轨迹中，我们感悟到从某种意义上讲，"与时俱进"也就是"与世俱进"，甚至超越当时科学研究的前沿，起到某种引领的作用，从而"领世而进"，这将是未来中国发展的趋势。

在陈子元院士学术成长轨迹的分析里，我认为"科学创新"于他本人造就了 3 个突破。第一，破唯学历论。陈子元毕业于国内普通大学，无留洋的经历。但他始终如一地勤奋、执着，从而成为一位卓越的核农学家，一位走上国际原子能科学舞台中心的"本土科学家"。第二，破学科界限论。陈子元本是学化学的，因为核农学在当时为尖端科学，属高新技术，也是交叉学科，他服从国家需要，跨学科从事崭新领域的研究工作，是创新使他获得跨学科发展的广阔空间。第三，破论资排辈论。陈子元在浙江农学院初为普通的教师，讲授化学，后担任浙江农业大学校长，国

---

① 《陈子元核农学论文选集》，浙江教育出版社，1998，第 847 页。

浙大农科的传统与使命

际原子能机构的科学顾问，并兼任许多重要的社会和学术职务，为国家和人类和平利用原子能事业贡献他的才智。这给予我们的启示是，平凡的岗位可创造不平凡的业绩，卓越出自平凡，并越出国界，造福人类。

三、农业发展的挑战与农科大学生的使命

在座的都是浙大农科的学子。

农业是安天下、稳民心的基础产业，关乎"天下粮仓"，虽然占GDP比重不高，但具有极其重要的地位，就像人的心脏一样，体积不大，却是整个生命的基础。农业是生物的生产、繁衍过程，是绿色的产业。农业的产生是人类文明史上一次伟大的革命，距今已有万年悠久的历史，是名副其实的"万岁事业"，并将继续万岁下去。农业是生物与环境之间相互作用发展到一定阶段的产物。人类的农业产生在固态、气态、液态的三相界面上，它耦联着自然界的四大循环，即固体运动的地质循环、液体运动的水循环、气体运动的大气循环以及有机界的生物循环。农业生物层所在的空间恰好是人类生存和活动的基本场所，具有精巧的结构，是人类衣食和生活的主要依托，与人类居住的家园息息相关，是人类赖以生存和发展的根本保障。随着新的农业科技革命和知识经济的来临，农业的模式正在发生深刻的变化，新概念农业层出不穷：基因农业、白色农业、蓝色农业、金色农业、信息农业、数字农业、精确农业、可持续农业、太空农业、网络农业、电脑农业、智慧农业、工厂化农业、有机农业、循环农业、休闲农业、体验农业、城市农业等林林总总，方兴未艾。农业学科博大精深，上至天文地理，下至布帛菽粟，融自然科学与哲学社会科学、技术科学与经济科学于一体，怎么不值得我们学习钻研并为之献身呢！作为农学院的教师，说句心里话，哪怕我两辈子学农，时间也不够用。古希腊哲学家柏拉图（Platon）说"哲学者，择善之学与善择之学也"。我要告诉同学们：选择农科是择善之举，要择善而行之，从善而为之，达到"上善若水"之境界。"大学之道，在明明德，在亲民，在止于至善。"善是中国儒家文化的最高境界。

同学们，党中央和国务院高度重视我国农业的发展。我国粮食生产实现了"九连增"，中国以世界不到10%的耕地养活了世界近20%的人

口，继 1998 年江泽民同志荣获联合国粮农组织的"农民奖"之后，2012年温家宝同志又获此殊荣。杂交水稻之父袁隆平曾向世界宣布："中国完全能解决自己的吃饭问题，中国还能帮助世界人民解决吃饭问题。"中国的农业成就令世界瞩目。但是，我们也应该看到我国农业发展中严峻的一面：我国的耕地已从 1995 年的 19.5 亿亩（1 亩 ≈ 667 平方米）减少到 2010 年的 18.18 亿亩，而 18 亿亩为耕地之红线；人均耕地面积由 10 多年前的 1.58 亩减少到 1.38 亩，仅为世界平均水平的 40%。从中长期看，我国面临人口增加和耕地减少的双重压力。当前我国农业还面临水资源耗竭、水土流失、土地沙漠化、水污染、化学品污染、农业废弃物污染、耕地土质下降、陆地生态系统受到破坏等生态环境方面的压力。邓小平同志、江泽民同志、胡锦涛同志等中国几代领导人都先后警告过：如果中国的经济要出问题，恐怕首先要出在农业上。再从农业科技推广看，我国的农业科技成果转化率只有 40% 左右，科技进步贡献率只有 52%，远低于世界发达国家水平。我国农业科技高端产品缺乏竞争力，50% 以上的生猪、蛋肉鸡、奶牛的良种，70% 以上的农产品先进加工设备，90% 以上的高端蔬菜花卉品种都还依赖进口。当今世界，农业科技正孕育着新的技术性突破，生物技术、信息技术等高新技术迅猛发展，带动并加快了农业科技创新的进程，以生物组学技术、转基因技术为代表，全球农业科技正进入创新集聚爆发和新兴产业加速成长时期。欧美等农业科技强国和大型跨国公司在农业生物技术领域占据优势地位，正逐步加大进入我国市场的力度和速度。巴西、印度等新兴经济体国家农业科技竞争力也显著加强。进入大科学时代，世界各国抢占未来农业科技发展制高点的竞争将更加激烈。农业科学研究及技术推广的模式、体制、机制、理念都将发生深刻变化。面对以上挑战，我们准备好了吗？

同学们，当今世界正处于大发展、大变革、大调整时期，农业和粮食问题始终是世界关注的热点之一。西方大国企图控制粮食市场、控制粮价，用粮食武器获取世界霸权。世界农业贸易中，"小麦大战""肉鸡大战""牛肉大战""香蕉大战"等曾闹得不可开交。一场没有硝烟的战争早已开始。回顾历史，美国作为世界上最大的粮食生产国和出口国，曾在冷战时期停止对印度的粮食援助，迫使印度与美国"改善关系"；1979 年，阿富汗战争，美国用粮食禁运这一武器，向苏联施加压力。近年，我们常看到"朝核问题"与"粮食援助"之间不断碰撞"演绎"出的新闻。当亚洲一些国家忙于生产服装、电视机等时，大洋彼岸的美国则给农业巨额补贴。美国以廉价的农产品使得不少国家的农业丧失竞争力。美国前国务卿亨利·基辛格（H. Kissinger）曾讲过：如果你控制了石油，你就控制了所有的国家；如果你控制了粮食，你就控制了所有的人。农业的兴衰关乎社稷安危、国家命运并非危言耸听，我们必须深刻认识到当代农业发展的重要性、复杂性和深刻性。

德国著名哲学家伊曼努尔·康德（I. Kant）在《实践理性批判》中写道："有两样东西，我们愈经常愈持久地加以思索，它们就愈使心灵充满日新又新、有加无已的景仰和敬畏：在我之上的星空和居我心中的道德法则。"我相信，仰望农业的星空，会更增强农科莘莘学子的使命感和责任感。

同学们，21 世纪的头 20 年，是我国发展的重要战略机遇期，也是浙大农科争创国际一流的关键时期。逢千年盛世，发百年农科之积蕴，建一流学科，育一流人才，出一流成果，再开创第二个百年的辉煌，为中国和世界农业发展做出应有的贡献，这就是百年农科发展的期待和崇高使命。

谢谢同学们！

（2012 年 11 月 2 日于浙大紫金港校区动物科学学院报告厅演讲）

抗战岁月中的浙江大学农学院

同学们:

上午好!

首先祝贺同学们有幸成为浙江大学农学院的研究生。今年恰逢中国人民取得抗日战争伟大胜利70周年,很值得纪念。上午,我讲3个问题:第一,抗战胜利的意义和浙大西迁概况;第二,浙大农学院的西迁故事;第三,铭记历史,开创未来。

一、抗战胜利的意义和浙大西迁概况

1. 抗战胜利的伟大意义

中国人民的抗日战争是中国人民抵抗日本军国主义侵略的正义战争,是世界反法西斯战争的重要组成部分。抗日战争是世界反法西斯战争中爆发时间最早、历时最长的,因此其起点和终点也是世界反法西斯战争的起点和终点。伟大的抗日战争是近代以来中国反抗外敌入侵第一次取得完全胜利的民族解放战争,为世界反法西斯战争的胜利、争取世界和平的伟大事业做出了不可磨灭的历史贡献。其伟大的意义在于:

(1)彻底粉碎了日本军国主义殖民奴役中国的图谋,捍卫了国家主权和领土完整,为中华民族复兴赢得了重要历史契机,成为中华民族由衰败走向复兴的重大转折点。

(2)为实现民族独立和人民解放、建立新中国奠定了重要基础,开启了中华民族伟大复兴的新历程,为抗战胜利争取到最光明的前途。

4 年后，中华人民共和国成立。

（3）极大地改变了近代以来中国的国际形象，重新确立了中国的大国地位，为中华民族伟大复兴创造了有利的国际环境。

（4）极大地增强了中华儿女的民族认同感、凝聚力和向心力。在党的领导下，中华民族的民族团结意识、民族英雄气概、民族自强信念、民族奉献精神极大地丰富和升华，为中华民族提供了不竭的动力源泉。抗日战争胜利的伟大实践表明，中国共产党是中国人民的中流砥柱。

2. 浙大西迁概况

自 1937 年 11 月 11 日迁离杭州，到 1940 年 1 月抵达遵义，浙大师生历经 4 次大的迁徙，历时 2 年有半，途经浙、赣、湘、粤、黔、桂 6 省，行程达 2600 余千米。浙大师生凭借着爱国、抗战必胜、保存祖国文化、培养人才、拯救中华的坚强信念，西行，西行，再西行。途中且行且阻，虽颠沛流离，却矢志不渝。每经一地，虽篷窗茅舍，破壁残垣，却在竺可桢校长的带领下，因陋就简，正常上课，寒暑无间，风雨无阻，可谓"间关千里，弦歌不绝"。浙大师生历经抗战西迁的锻炼和洗礼，高扬爱国主义旗帜，"应变以常，处困以亨，荡丑虏之积秽，扬大汉之天声，用缵邦命于无穷，其唯吾校诸君子是望乎"[1]。浙江大学在艰难的抗战岁月里，凤凰涅槃，浴火重生，"东方剑桥"声名鹊起，为中外所赞誉。

竺可桢校长在《国立浙江大学黔省校舍记》碑文中指出："军兴以来，初迁建德，再徙泰和，三徙宜山，而留贵州最久。"浙江大学抗战西迁历程大致可概括为以下几个阶段：①初迁西天目山与建德；②继迁江西吉安与泰和；③再迁广西宜山；④终迁贵州遵义、青岩、湄潭、永兴。另外，浙大于 1939 年在浙江龙泉设立分校，有农、文、理、工、师 5 个学院。1942 年夏，日寇侵扰浙东，龙泉分校师生暂迁福建松溪，同年秋迁回龙泉。以上历程，浙大农学院全部参与。据我所知，在华家池校区亲历西迁的老同志有十几位之多，其中有吴芝英先生[2]（祝汝佐先生夫人）、陈

---

① 竺可桢：《国立浙江大学宜山学舍记》碑文。
② 吴芝英先生于 2017 年 2 月 11 日逝世，享年 110 岁。

锡臣先生王梦仙先生伉俪[1]、唐觉先生、葛起新先生[2]、钱熙先生伉俪、陈学平先生、许乃章先生、钱泽澍先生、高明尉先生梁竹青先生伉俪、申宗坦先生，还有当年在贵州与浙大职工周仕芳师傅结为连理的罗开仙女士等，以及童年在湄潭度过的陈健宽（陈鸿逵教授之女）、朱荫湄（朱祖祥院士、赵明强教授之女）、祝其本（祝汝佐教授之子）、陈天来（陈锡臣教授之子）等老师（他们也均年过古稀）。2015 年 5 月 15 日，我们在华家池校区举办"不能忘却的纪念，让历史昭示未来——听西迁亲历者谈文军长征"座谈会，特地邀请了抗战老战士温其彬同志，经历西迁的老教授高明尉、梁竹青、陈健宽、朱荫湄、祝其本等，同青年大学生见面，讲述他们的抗战故事和浙大西迁历程（钱熙先生特作书面发言）。师生共同铭记历史、缅怀先烈，更加珍爱今日来之不易的和平，增强开创中华民族和人类美好未来的决心和信心，受到一次强烈的爱国主义生动教育。

二、浙大农学院的西迁故事

浙大农学院自始至终随校西迁历经全过程。下面，我引用校史、院史和有关资料，讲几个浙大农学院在抗战中的故事。

1. 浙大西迁途中滞留江西玉山十一天[3]

江西玉山是浙大西迁出省后抵达的第一座县城。在战乱的岁月里，1937 年 12 月 28 日，浙大师生陆续来到玉山县冰溪镇。玉山县是我的祖籍，我为浙大"文军长征"在 78 年前曾途经我的家乡而感到自豪。原计划浙大师生沿浙赣线南下吉安，但由于日寇轰炸、兵运繁忙、难民潮等，浙赣线正常运输中断，局面混乱。浙大师生近 500 人，还有大量图书、仪器待运，转移工作陷入困境，不得已在玉山县滞留 11 天。师生经多日旅途困顿及天气寒冷，体质普遍下降，患病人数日渐增多，情绪难免焦虑。时竺可桢校长 47 岁。作为一校之长，他事无巨细，亲力亲为，对病

---

[1] 王梦仙先生于 2016 年 1 月 7 日逝世，享年 102 岁。同年 3 月 13 日，陈锡臣先生逝世，享年 103 岁。

[2] 葛起新先生于 2016 年 4 月 17 日逝世，享年 98 岁。

[3] 周黔生：《浙大西迁途中滞留江西玉山十一天》，《浙大校友》2014 年第 4 期。

中的学生给予慈父般的关怀。为交涉火车事宜，竺校长四处奔波，日夜操劳，几乎走遍了整个玉山县城，虽心力交瘁，仍兢兢业业，毫无怨言。他始终团结浙大同仁，竭尽全力，想方设法，多方联系，坚持不懈，经过近10天的周折，终于争取到一列专车供浙大使用。1938年1月7日，专车满载包括农学院在内的浙大师生，向贵溪、南昌进发。在江西玉山困顿的11天，彰显了浙大精神和风貌，当然这11天也仅仅是整个西迁历程中的一个序曲。面对恶劣困境，浙大师生决心跟着竺可桢校长艰难跋涉，坚持到底！

2. 竺校长痛失爱妻和爱子①，力撑危难之局

在5月15日华家池校区举办的"听西迁亲历者谈文军长征"座谈会上，91岁高龄的钱熙先生（浙大著名数学教授钱宝琮之女）深情地回忆了这个故事。在座的学生唏嘘不已，深受感动。

1938年，江西北部相继失守。当时，浙大所在的泰和已不安全。竺可桢校长四处奔波，筹划再次迁校。1938年7月23日，竺校长在桂林接到学校催他回去的电报，被告知他的夫人张侠魂患痢疾。7月25日，竺可桢急行回泰和，在长堤上见到等候在那里的竺梅、竺安、竺宁（长子竺津已于1938年1月考取军校而离家）。竺校长未见次子竺衡而问之，长女竺梅呜咽地说"衡没得了"。竺可桢听后惊呆了，眼泪簌簌流下。早些天，他在勘察新校址途中听学校里的人提及竺衡生病，他以为是小病，万万没有想到此病竟会夺去一个14岁孩子的生命。夫人张侠魂和次子竺衡得的是痢疾，本不是大病，但当时医疗条件差，泰和缺医少药。1938年8月3日，张侠魂女士不幸病逝。半个月内，竺校长接连失子丧妻，遭受沉重打击。但形势所迫，责任所在，竺校长强忍精神上的沉重创痛，仍然力疾从公，坚持工作。1938年8月10日，浙大教职工为张侠魂女士举行了追悼会，到场的教职工和学生共300余人。师生们看到竺可桢哀痛憔悴的面容，都深感悲伤，全场呜咽。9月15日，葬张侠魂和竺衡母子于泰和松山。

---

① 浙江大学校史编写组：《浙江大学简史（第一、二卷）》，浙江大学出版社，1996，第54-55页。

3. 协助护送文澜阁《四库全书》①

浙大还做了一件意义重大、有利于保存民族文化瑰宝、延续国家文脉的爱国义举，那就是协助护送文澜阁《四库全书》到安全处所。

全面抗战爆发后，竺可桢校长为防止日寇抢夺《四库全书》，同浙江图书馆馆长陈训慈先生一起，决定搬迁文澜阁《四库全书》（共计 36000 多册，装成 140 箱）。他们将阁书先运至富阳农村存放，后搬至建德、龙泉等地，最后毅然搬运出省，途经五省，历程 2500 余千米，全部安全运抵贵阳城北八里外的地母洞保藏。如是 6 年，终保阁书无恙。其间极为颠沛流离和艰难，在从蒲城至江山的路上，有 3000 册书翻落溪水之中。他们将阁书抢救出后进行简单晾晒，便又急忙赶路，并在赶路间歇尽量将它们通风晾晒，精心保护，以防霉变。浙大迁到贵州后，竺校长几次到地母洞了解情况，并对保管工作中的问题提出改进意见，使这一文化瑰宝得以安全度过抗战时期。1944 年，日寇抢攻贵阳，阁书又紧急迁渝。抗战胜利后，1946 年 7 月 5 日，阁书终于取道川南入黔，经湘赣入浙，安抵杭州。《四库全书》为今留存在世卷帙最为浩大的丛书，杭州孤山下文澜阁中珍藏的《四库全书》即为其中的一部，其余三部分别藏于北京、兰州和台湾。而《四库全书》原先的"江南三阁"唯文澜阁《四库全书》存世，成为名副其实的"东南瑰宝"。

4. 浙大农学院师生的抗战风采

浙大农学院在随校西迁长达 7 年的过程中颠沛流离，备尝艰辛，经受战火的磨炼和考验，在战时恶劣环境下，却奇迹般地得到扩展与提高。

（1）浙大农学院抗战西迁时期科研成果

浙大农学院在西迁时期科研硕果累累。英国科学家李约瑟 1944 年两次参观浙大，予以浙大高度评价，盛称浙大为"东方的剑桥"，可与牛津、剑桥、哈佛相媲美②，其中，李约瑟考察农业化学系，助手毕丹耀参观农学院。李约瑟在他所撰的文章中对浙大农学院于湄潭的科研业绩予

---

① 浙江大学校史编写组：《浙江大学简史（第一、二卷）》，浙江大学出版社，1996，第 52-53 页。《浙江"四库情缘"如何续？》，《光明日报》2015 年 7 月 30 日第 5 版。

② 同①，第 77 页。

以充分的肯定和赞许。李约瑟将罗登义研究的刺梨称为"罗登义果"[①]。蔡邦华和唐觉关于五倍子的研究论文，发表在英国伦敦皇家昆虫学会会报上。农学院在该时期的主要科研成果简列于下。

① 卢守耕：水稻育种；胡麻杂交

② 孙逢吉：芥菜变种研究

③ 吴耕民：甘薯、西瓜、洋葱等蔬菜瓜果新种在湄潭试种、推广；湄潭胡桃、李、梨之研究

④ 熊同和：植物无性繁殖

⑤ 林汝瑶：观赏植物

⑥ 杨守珍：豆薯各部的杀虫

⑦ 彭谦、朱祖祥：土壤酸度试剂

⑧ 蔡邦华、唐觉：五倍子研究

⑨ 陈锡臣：小麦研究

⑩ 过兴先：玉米和棉花研究

⑪ 储椒生：榨菜研究

⑫ 罗登义：营养学；刺梨研究

⑬ 陈鸿逵、杨新美：白木耳栽培

⑭ 葛起新：茶树病虫害

⑮ 祝汝佐：中国桑虫

⑯ 杨新美：贵州食用蕈人工栽培

⑰ 蔡邦华：西南各省蝗虫、马铃薯蛀虫、稻苞虫研究

⑱ 夏振铎：柞蚕寄生蝇

⑲ 王福山：蚕丝增长研究

⑳ 郑蘅：柞蚕卵物理性状研究

需要说明的是，以上尚不包括农业经济学科。我们从上可知，许多研究者为国内知名教授、专家。浙大抗战西迁期间，园艺泰斗吴耕民、昆虫学家蔡邦华、园艺学家蒋芸生等一批著名教授应竺可桢校长之邀，来到偏僻的湄潭，投身文化抗战事业。

教授们在极其简陋的条件下坚持科学研究：没有恒温箱，陈鸿逵教

---

① 《浙江大学农业与生物技术学院院史（1910—2010）》，浙江大学出版社，2010，第28—29页。

授自制"炭条恒温箱";用油纸代替玻璃建造温室;用竹管作导管;用木桶过滤自制自来水;用废信封作育种袋;用竹签代替回形针;用瓦盆作蒸发皿;等等。他们克服种种困难,竟取得一流的科研成果。当时,用桐油灯照明,老师在跳跃不定的油灯下精心备课,著述不辍。其中,卢守耕编著了《中国稻作学》,孙逢吉编著了几十万字的《棉作学》巨著;吴耕民用毛边纸印《果树栽培学》讲义,熊同和首次在国内开出"园艺加工学"课程;章恢志在竺可桢校长的鼓励下编写《柑橘学》,该书由竺校长亲笔题名,用石印版印出,作为对外交流的教材。

在艰苦卓绝的抗战岁月中,农学院一直坚持科研和农业技术推广,在西迁途中播撒农业科技的种子,发展西南边陲地区经济,以实际行动支持抗战和学校西迁。西迁之初,农学院所属湘湖农场,为学校提供粮食储备,在日军的炮火下坚持农事活动和试验①。在江西泰和,农学院组建华阳书院农场,卢守耕院长在此进行水稻试验。浙大在泰和创办沙村农村示范垦殖场,由农学院代办,为缓解战时粮食供应及安置难民发挥作用②。在贵州遵义和湄潭等地,农学院致力于推广黔北地区小麦、马铃薯、油菜、甜瓜、西瓜、番茄、洋葱等作物的种植和病虫害防治,茶叶和刺梨的开发和生产,蚕桑、白木耳及食用菇的栽培,五倍子研究及应用,对发展当地经济产生深远影响。1943年,浙大创办"贵州省湄潭实用技术学校",设茶叶、蚕桑两专业,由农学院农艺、园艺、蚕桑等系教师授课,培养当地人才,发展当地经济,支持前方抗战③。

（2）人才培养

浙大在艰难的岁月中保存和凝聚了大批优秀知识分子,更为可贵的是,在战争的恶劣条件下,为民族未来培养和输送了大批品学兼优的学生青年。今天,抗战胜利已70周年,我们回眸历史,当年抗战时期培养的优秀学生青年,不辱使命,堪当大任、重任,为民族解放和复兴做出自己的贡献。1937年,浙大西迁前,学生有633人,随校西迁的学生有460人。1946年复员东归时,浙大学生达2171人,在遵义湄潭时期历年

① 《浙江大学农业与生物技术学院院史（1910—2010）》,浙江大学出版社,2010,第21页。
② 同①,第22页。
③ 同①,第29页。

毕业学生 1857 人①。浙大农学院 1937 年西迁时学生 108 人，1944 年学生达 246 人。他们在战火与苦难的淬炼和洗礼中成长。接下来，让我们看看当年农学院学生的历史责任与担当。

1931 年，震惊中外的九一八事变爆发。消息传来，浙大农学院举行全体学生大会，当即组织抗日救亡宣传队，分赴临平、塘栖、余杭、萧山、桐庐、建德、兰溪等地宣传抗日救亡。中国人民抗日战争纪念馆提供的资料照片为九一八事变后杭州市各界群众举行抗日救国大会的场景，其中"浙大农学院抗日救国会"的横幅赫然在目，它见证了农学院学生满腔热血，与民族、国家同呼吸、共命运的责任和担当。

1935 年，一二·九运动爆发，浙江大学是南方最先响应北平学生爱国运动的学校。农学院学生积极参加这一运动，森林系学生施尔宜（施平）②担任浙江大学学生会主席，还有 6 位农学院学生担任学生代表，与反动当局做坚决斗争。农学院还组织 20 多人的敢死队，由女生吴俭农等发起，后来成为知名教授的赵明强、郑蘅等农学院女生均为队员。全体敢死队队员冲破军警特务封锁，奋力营救被捕学生③。农学院学生在西迁途中，和浙大其他学院学生一起，克服种种困难，开展各种抗日救亡活动。1940 年，农学院学生在前线参加包扎救护伤员、举行军民联欢、深入农村、慰问抗属、宣传抗日、帮助农民识字等抗日救亡活动，深受当地群众和抗日将士的欢迎。

1944 年 9 月，流亡学生于子三经过艰难跋涉，在重庆考入贵州的浙大农学院农艺系。于子三为新中国成立前夕中国学生运动的代表人物之一，后惨遭反动当局杀害，被誉为"学生魂"。于子三烈士为实现民族独立、国家富强、人民幸福而英勇献身，在中国青年运动史上写下了不朽的篇章。

西迁途中，战局瞬变，风雨交加，农学院师生载渴载饥，愈挫愈勇：朝阳下，漫山遍野，朗读默读；白天不够，复三更灯火，仍埋头苦

① 浙江大学校史编写组：《浙江大学简史（第一、二卷）》，浙江大学出版社，1996，第 75 页。
② 施尔宜（施平），新中国成立后出任北京农业大学（今中国农业大学）党委书记、校长，华东师范大学党委书记，上海市人大常委会副主任兼秘书长等职务。他的孙子施一公教授，现为中国科学院院士、西湖大学校长。
③ 《浙江大学农业与生物技术学院院史（1910—2010）》，浙江大学出版社，2010，第 17 页。

读。在湄潭、永兴，满街可见身穿罗斯福布的浙大学生。吃饭八人一桌，仅一菜一汤。有时有饭无菜，同学就用盐水、辣椒粉、自制泡菜等办法将就下饭。当时戏称吃菜为"逢六进一"（吃六口饭夹一口菜）、"蜻蜓点水"。当时学生以身穿破旧长衫居多，冬日以棉被裹身取暖自习，外出兼课则互借稍好一点的衣裳，但十分注意清洁卫生，质朴而不寒碜，典雅大方中内蕴书卷气与自信力。浙大农学院就在这样的艰难和逆境中培养出一流的人才。当年农学院学生中，除上已介绍的于子三烈士和投身革命事业的施尔宜外，还有一大批热血青年后来均有成就和贡献。如滕维藻成为著名经济学家、教育家、南开大学校长；李竞雄、朱祖祥、施履吉在新中国成立后成为中国科学院院士。农学院抗战期间培养的学生，在农业教育科技及其他战线发挥重要作用，创造一流工作业绩，许多成为著名农业科学家、专家、教授。如当时就读园艺系的孙筱祥①，2014年以93岁的高龄荣获国际风景园林最高奖——杰弗里·杰里科爵士奖，是获此殊荣的第一位中国人，为中国风景园林学界泰斗。

5."求是"校训及竺可桢校长的育人风范

竺可桢校长于1938年11月19日在西迁途中的广西宜山亲定"求是"校训。他提出"求是"精神就是奋斗精神、牺牲精神、革命精神、科学精神。他认为，对于求是的路径，《中庸》中说得最好，就是"博学之、审问之、慎思之、明辨之、笃行之"。"求是"就是"实事求是"，就是探索真理。在此，我仅举一例来说明竺可桢校长在抗战西迁途中教书育人，严格要求，关心学生健康成长的"求是"风范。

1938年浙大自泰和迁徙至宜山的途中，学校指派职员和19名学生水路押运浙大图书、仪器26吨和行李300多件，艰难行驶2个月后到达广东曲江。10月23日，广州突告陷落。10月25日，三水一片混乱，日寇军舰骚扰，枪声四起，并有黑衣人向浙大押运船靠来。学生以为敌人来了，即有2个学生跳入江中游往他处，此时敌机轰鸣，其他学生为避空袭给船户15元，托其照看后弃船而走。幸好浙大职员赶到，将所有船只系在我国兵舰尾部驶往肇庆，才得以脱险。

同年11月14日，在宜山召开的一次纪念集会上，竺可桢校长严肃

---

① 孙筱祥先生于2018年5月4日逝世，享年97岁。

批评这些学生："事先已知三水紧急而贸然前往，是为不智；临危急而各鸟兽散，是为不勇；眼见同学落水而不视其至安全地点而各自分跑，无恻隐之心，是为不仁……你们得常自省问，若是再逢这种机会，是否见危授命，能不逃避而首当其冲？"竺校长平生言行一致，没有私心，一心为公，碰到困难都尽力克服。① 在他看来，这是事关重大的原则性问题，不能就事论事，所以进行这番语重心长的严厉批评。学生心服口服，深受教育。

6. 参与台湾大学的接收和建设 ②

抗战胜利后，浙江大学陈建功、苏步青、蔡邦华三位教授参与台湾大学的接收和建设工作。

1945 年 10 月，农学院院长蔡邦华教授同陈建功、苏步青教授受命参与台湾大学的接收和建设。当时，知名文人江恒源为蔡邦华等三位教授赋诗送行：

> 秋风飒飒天气凉，送客携手上河梁。之子有行急万里，为歌一曲湄之阳。南雍声华重回浙，三子俱是人中杰。树人已启百年功，更待琼花海外发。五十年前事可哀，悠悠遗恨满蓬莱。河山还我奇耻雪，战云消尽祥云开。三子之行何快哉，台澎学子乐无涯，乘槎使者海上来。

蔡邦华夫人陈绵祥女士也赋诗以赠。

三位教授接收点验异常认真、细致，无任何当时为国人痛恨的徇私舞弊现象。这种严谨的工作作风，不仅显示了浙大教授的爱国精神和高度负责的工作态度，而且体现了他们至为廉洁的精神风范。

蔡邦华教授为台湾光复后台湾大学农学院首任院长，苏步青教授为理学院院长，陈建功教授为教务长。

台湾光复后，回到祖国怀抱是重要的历史篇章。浙大三位教授参与台湾大学的接收和建设工作，虽时间不长，却不辱使命，载誉而归。这

---

① 浙江大学校史编写组：《浙江大学简史（第一、二卷）》，浙江大学出版社，1996，第56-57 页。

② 《浙江大学校史读本》，浙江大学出版社，2007，第 96-100 页。《浙江大学农业与生物技术学院院史（1910—2010）》，浙江大学出版社，2010，第32-33 页。

在浙江大学乃至中国近现代教育发展史上均为不能忘记的历史事实。

三、铭记历史，开创未来

同学们，我们纪念伟大的抗日战争胜利 70 周年，旨在铭记历史，缅怀先烈，珍爱和平，开创未来。

1. 铭记历史

中国人民的抗日战争，是中国人民抵抗日本军国主义侵略的正义战争，是近代以来中国反抗外敌入侵第一次取得完全胜利的民族解放战争。中国国民伤亡 3500 多万人，中国人民做出了巨大的牺牲，为世界各国人民夺取反法西斯战争的最后胜利、争取世界和平的伟大事业做出了不可磨灭的历史贡献。中国人民的抗日战争暨世界反法西斯战争的伟大胜利，是人类正义战胜邪恶、光明战胜黑暗、进步战胜反动的壮丽史诗。习近平总书记在 2015 年"九三阅兵"时所讲的"让我们共同铭记历史所启示的伟大真理：正义必胜！和平必胜！人民必胜！"[1] 表达了中国人民坚如磐石的信念，也是全人类共同的价值取向与不懈追求。

今天，我们结合浙大和农学院重温抗战历史，一起走进历史深处，梳理历史思绪，让历史昭示未来，回应现实，其目的就是珍视和平，开创未来，激发起我们莘莘学子的时代责任感和历史担当意识。历史是现实的根源，任何一个国家的今天都来自昨天。中国共产党是中国人民抗日战争的中流砥柱，历史一再证实：只有共产党才能救中国，只有中国共产党才能领导中国走向繁荣昌盛！今天，我们比历史上任何时候都更接近实现中华民族伟大复兴的目标，比历史上任何时候都更有信心、更有能力实现这个目标。同学们，纪念抗战胜利是为了永远胜利，在党的领导下实现"两个一百年"奋斗目标，为实现中华民族伟大复兴的中国梦而奋斗！

2. 开创未来

今天，我们重温抗战和学校西迁的历史，仿佛穿越 70 多年的时光隧道，重现抗战气吞山河、感天动地的壮丽画卷。浙江大学始终同民族

---

[1] 《正义必胜 和平必胜 人民必胜》，《光明日报》2015 年 9 月 7 日第 1 版。

命运共浮沉，和时代脉搏同起伏，为民族复兴、社会进步，为中华民族人才保护培养和壮大，为中国科技和文化教育事业的振兴做出贡献。它体现了伟大的抗战精神，即天下兴亡、匹夫有责的爱国情怀，视死如归、宁死不屈的民族气节，不畏强暴、血战到底的英雄气概，百折不挠、坚忍不拔的必胜信念。仰望先烈前辈们不屈不挠、奋斗不已的历程和崇高的爱国精神、民族气概、风范，我们的心灵不能不受到强烈的震撼！历史是现实的一面镜子，知古鉴今，世界狼烟犹在，周边并不安宁，我们无权不重忆历史。"岂曰无衣，与子同袍。"①21世纪的莘莘学子，应学好本领，提高素质，增长才干，像抗战先烈先辈那样，时刻听从祖国的召唤，自觉培养自己的担当意识和历史责任感。"艰难困苦，玉汝于成"，中国人民抗日战争胜利在历史上为中华民族的伟大复兴开辟了道路，让我们在党的领导下开创祖国更加辉煌的未来！

　　谢谢同学们。

（2015年9月12日于浙大紫金港校区农学院报告厅演讲）

---

① 《诗经·秦风·无衣》，载张剑钦：《十三经今注今译》（上），岳麓书社，1994，第280页。

于子三精神：
一座非人工建造的纪念碑 ①

尊敬的郑强副书记、马岳先生，各位领导、老师、同学：

上午好！

于子三烈士殉难已整整 70 年了。70 年来，党和人民以及他的母校母院一直在纪念他。广大青年学生在革命建设改革的不同时期，都能从于子三烈士身上汲取坚定理想信念的力量。我清楚地记得，25 年前，在烈士殉难 45 周年之际，在于子三生平学习、生活和从事革命斗争的华家池畔，举行了隆重的烈士半身铜像揭幕仪式和纪念会。于子三烈士的事迹，在 2011 年中共党史出版社四卷本的《中国共产党历史》和 2016 年中共党史出版社、党建读物出版社三卷本的《中国共产党的九十年》中均有记载。我想，这是烈士的母校——浙江大学的贡献和骄傲，也是他就读的浙江大学农学院的光荣。今天，在党的十九大胜利闭幕后不久，在浙大届满百廿年双甲子历程、开启争创世界一流大学一流学科新征程之际，我怀着对烈士崇敬的心情参加于子三爱国主义教育基地揭牌仪式。在这个历史交汇的节点上，我本人内心百感交集，充满了对党对祖国神圣和庄严的崇高感情，此揭牌仪式的意义非同一般。

于子三烈士殉难整整 70 年了。他牺牲时年仅 22 岁。我想，如果他还活着，今年该是 92 岁。于子三烈士牺牲仅一年半后杭州解放，接着，中华人民共和国成立。于子三烈士殉难后的 70 年，新中国迅速荡涤旧社

---

① 本文为邹先定在浙大于子三爱国主义教育基地揭牌仪式暨于子三殉难 70 周年纪念会上的发言。

会的污泥浊水，实现了从站起来、富起来到强起来的翻天覆地的根本变化，足以告慰烈士的在天英灵。

于子三烈士，1925 年 1 月 21 日生于山东省牟平县前七夼村（今烟台市莱山区文成社区），1944 年 9 月考入浙大农学院农艺系，曾任浙大学生自治会主席，因组织反饥饿、反迫害的爱国民主运动，于 1947 年 10 月 29 日被国民党浙江保安司令部杀害。于子三事件在全国引起了强烈反响，爆发了反迫害、争自由的"于子三运动"。周恩来同志指出，"于子三运动"是继抗暴和"五月运动"之后的又一次学运高潮。这三次规模空前的学生爱国运动，在国内形成了第二条战线，有力地配合了人民解放战争，加速了国民党反动政权的彻底崩溃。"于子三运动"谱写了中国现代革命史上光辉的一页。于子三的一生，是一个爱国青年在党的培养下成为革命战士的一生。于子三成长的轨迹，就是渴望光明、追求真理，一心向往党、一生追随党，听党的话、跟党走，为党和人民的崇高事业，为建立独立、民主、统一、富强的新中国英勇奋斗，直至献出自己宝贵生命的光辉历程。我在两度编写浙大农学院院史和《我心中的华家池——探寻浙江大学农科史与校园"乡愁"》第一辑的过程中，接触到大量关于于子三烈士的珍贵资料。于子三烈士在校品学兼优，热爱祖国，热爱科学，热爱人民，勇于追求真理，在与反动派做斗争的学生运动中表现出一名学生领袖卓越的才干和气魄。他勇敢、沉着、机智，在素有东南"民主堡垒"之称的浙江大学的广大学生中享有极高的威信，在敌人严刑逼供面前，坚贞不屈，大义凛然，保守革命秘密。在他的身上生动地体现了浙江大学的求是精神和优良传统。当年，于子三身为流亡学生，穿草鞋穿越神农架，步行 1000 多里（1 里 = 500 米），前往素有"东方剑桥"之誉的浙大农学院学习，在那里聚集了几十位中外著名的农业科学家。于子三矢志学农报国，以身许农，打算抗战胜利后回到家乡投身农业建设。就在烈士殉难后不久，浙大学生自治会在两间小平房中陈列烈士生前的遗物，师生们目睹他那字迹清秀、卷面整洁、一丝不苟的笔记、作业、实验报告和试卷，清贫到不能再简朴的衣物用品，禁不住潸然泪下，泣不成声。于子三身体力行浙大求是精神（即一种奋斗精神、牺牲精神、革命精神和科学精神，它对 21 世纪的青年大学生仍具有强烈的现实指导意义和价值）。今天的青年朋友们，在新时代的进步成长过程中，面对世界深刻复杂变化，面对信息时代各种思潮的相互激荡，面对纷繁多变、鱼龙混杂、泥沙俱下的社会现象，面对学业、情感、职业选择等方面的考量，在诸如此类成长中的烦恼和困惑面前，该如何保持定力、坚定理想信念、始终保持清醒认识和科学判断、树立和践行社会主义核心价值观、听党的话、跟党走，于子三是一面镜子，从于子三身上可以受到教育和启迪。

　　于子三烈士殉难整整70年了。于子三烈士的精神被誉为"学生魂"。他给我们留下了一笔宝贵的精神财富、一座非人工建造的纪念碑。在我的童年记忆中，大学路浙大本部有子三广场、子三图书馆；在华家池校区曾先后三次建造于子三的塑像；原浙江农业大学每个新学年都向学生介绍于子三革命事迹。浙大关心下一代工作委员会求是宣讲团一直以来重视红色基因、革命文化的传承和教育，2012年求是宣讲团成立，年近90岁的曹孔六先生（现已去世，是于子三同时期法学院的校友），不顾年迈体衰，在华家池子弟小学宣讲于子三事迹。自2005年起，我几乎每年都应邀在农学院向新入学的研究生宣讲校史、院史和于子三烈士的光辉事迹，作为研究生开学第一课。如今，于子三爱国主义教育基地、于子三报告厅、于子三学生宣讲团、于子三班、于子三艺术团如雨后春笋、烂漫的山花，竞相迸发，这就是浙大校园革命文化和社会主义先进文化的绚丽花朵。作为浙大关心下一代工作委员会宣讲团的成员，我一定不忘初心、牢记使命，为培养担当民族复兴大任的时代新人而贡献自己的绵薄之力。

　　党的十九大指出，青年兴则国家兴，青年强则国家强。青年一代有理想、有本领、有担当，国家就有前途，民族就有希望。中华民族伟大复兴，绝不是轻轻松松、敲锣打鼓就能实现的。中华民族伟大复兴的中国梦终将在现代青年的接力奋斗中变为现实。我相信，在座的青年朋友和莘莘学子，都将学习于子三，坚定理想信念，志存高远，脚踏实地，勇做时代的弄潮儿，在实现中国梦的生动实践中放飞青春梦想，在为人民利益的不懈奋斗中书写人生华章！

　　于子三烈士永垂不朽！

　　谢谢各位。

（2017年11月4日于浙大紫金港校区农学院报告厅演讲）

于子三精神：一座非人工建造的纪念碑

浙大精神在农科的传承和发展

农业科学家的梦想与奋斗

内容提要

浙江大学农科在一百多年的奋斗历程中，涌现了一大批杰出的农业科学家。他们怀抱学农爱农、振兴中华的理想，筚路蓝缕、奋斗不已、弦歌不辍，为祖国农业科技和人才培养做出了不可磨灭的贡献。讲座分三个部分：浙大农科不同历史时期的简介、浙大农业科学家的优良传统、农业发展的挑战和使命。希望莘莘学子在实现中国梦的奋斗中，让自己的青春绽放绚丽的光彩！

同学们好！

"一年一度秋风劲，不似春光胜似春光"，又到新学年的开学之际。我向在座的攻读农科硕博学位的莘莘学子表示热烈祝贺！你们风华正茂，任重而道远，即将开始的研究生深造历程很可能是你们一生中的又一关键节点，请予以珍惜。我想就"农业科学家的梦想与奋斗"这一主题，与你们谈谈自己的体会，主要说三点：第一，浙大农科不同历史时期的简介；第二，浙大农业科学家的优良传统；第三，农业发展的挑战和使命。以此与同学们共勉！

一、浙大农科不同历史时期的简介

浙大是著名的综合性大学，历史上早就设有农业学科。1910年，浙江农业教员养成所成立，标志着近代浙江农业科技教育的开端，至今已有

103 年的悠久历史。浙大农学院的历史可追溯到创建于 1910 年（清宣统二年）的浙江农业教员养成所。它是我国最早引进西方现代农业教育的院校之一，后为浙江中等农业学堂、浙江中等农业学校、浙江省立甲种农业学校、浙江公立农业专门学校，直至 1927 年 7 月国立第三中山大学成立（浙江大学之前身）。当时，浙江公立农业专门学校改组为国立第三中山大学劳农学院（后称浙江大学劳农学院、农学院），浙江公立工业专门学校改组为国立第三中山大学工学院。1928 年 8 月，浙大成立文理学院。蔡邦华院士曾赋诗"巍巍学府，东南之花。工农肇基，文理增嘉。师医法学，雍容一家"，就反映了这一历史事实。因此，国立第三中山大学劳农学院是浙大最早的学院之一，浙大农科发展的历史悠久也由此可见。下面我们就循着农学院沿革演变的历史轨迹来了解浙大农科发展概略。

从 1910 年创建浙江农业教员养成所至 1927 年国立第三中山大学劳农学院，历时 17 年，可视为浙大农学院的史前史。

1927—1952 年全国院系调整前，为浙江大学农学院时期（历时 25 年），其中历经艰苦卓绝的抗战西迁阶段。1949 年 10 月 1 日，中华人民共和国成立，翻开了浙江大学崭新的一页。

1952 年全国院系调整至 1998 年"四校合并"组建成新的浙江大学前，1952—1960 年为浙江农学院时段（历时 8 年），1960—1998 年为浙江农业大学时段（历时 38 年），该时期共 46 年。

从 1998 年"四校合并"开始，1999 年成立浙江大学农业与生物技术学院（简称农学院），其他农科学院、涉农学院也陆续组建，至今历时 15 年。

浙江大学农业学科一百多年来的奋斗历程曲折而不凡，几经易名，几经分合组建，几经迁播，负笈转徙，历经各种磨难和考验，始终与民族命运共浮沉，和时代脉搏同起伏，为民族的振兴、社会的进步、国家农业科技和现代农业发展做出不可磨灭的重要贡献，为国家担当培养人才与创新科技、传承文化、服务社会的崇高使命。浙大农科百多年发展的辉煌历史足以令后继者肃然起敬，并将之发扬光大。

进入 21 世纪，浙大农业学科成绩斐然，仅以植物生产为例，植物保护学、园艺学、作物学等一级学科均居国内前茅。园艺学、植物保护学等一级学科及生物物理学、作物遗传育种等二级学科均为国家级重点学科。其他农业学科情况也差不多，呈现强劲的竞争优势。浙大农业学科也是"全国优秀博士学位论文"的多产学科。

浙大农业学科培养了数以万计的农业科技人才，有中国科学院院士吴中伦、李竞雄、朱祖祥、施履吉、沈允纲等。进入 21 世纪，朱玉贤被选为中国科学院院士，陈剑平、吴孔明当选中国工程院院士。朱玉贤 1982 年毕业于农学系，陈剑平 1985 年毕业于植保系，吴孔明 1987 年毕业于植保系，都是农学院校友。陈剑平同时被选为第三世界科学院院士。

二、浙大农业科学家的优良传统

从浙江农业教员养成所陆家骧所长费尽心力，因陋就简，培养专门人才伊始，有一百多名农学硕彦在浙大农学院任教任职，其中不乏农业学科的泰斗、大师和先贤，如钟观光、陈嵘、许璇、金善宝、梁希、朱凤美、吴耕民、陈鸿逵、吴福桢、蒋芸生、蔡邦华、黄瑞纶、章文才、周承钥、陆星垣、丁振麟、朱祖祥、罗登义、陈锡臣、游修龄、陈子元、孙羲、李曙轩、周明牂、蒋次升等 [①]，群星灿烂。

浙大农科在一百年的创建、一百年的追求、一百年的坚守、一百年的传承中形成了自己宝贵的优良传统，可概括为求是、勤朴。"求是"是竺可桢校长在西迁途中亲定的浙大校训，大家比较熟悉。求是必务实。求实必须摒弃虚伪、浮夸、矫饰，相反地，需要诚信和踏实。勤朴是一种作风、内质，是求真务实、实事求是的保证。勤的涵义丰富而深刻，可理解为勤奋、勤俭、勤恳、勤勉；朴为抱朴守真、率实淳朴的品格，具有朴实、朴素、质朴的涵义。关于浙大农科求是、勤朴的优良传统，我在农学院的百年院史中做过详细的梳理和诠释。今天我着重讲四点：爱国传统、学农志农爱农、严谨治学和科学创新。

（一）爱国传统

爱国传统就像一根红线贯穿于浙大农科发展的全过程。于子三、陈敬森、邹子侃等先烈为新中国的建立献出年轻的生命。浙大农科随校西

---

① 据《中国现代科学家传记》《中国现代农学家传》《20 世纪中国知名科学家学术成就概览》《中国农业百科全书》编委会名单等文献资料不完全统计。

迁，艰苦卓绝、成绩斐然。著名的英国科学家李约瑟（Joseph Needham）及其助手在参观当时位于湄潭的农学院后，赞不绝口，并在《自然》上撰文介绍，浙大农学院名扬海外、声名鹊起。

陈嵘（1888—1971），浙江省立甲种农业学校校长，著名林学家，中国近代植物分类学家。陈嵘是著名农学家沈宗瀚、吴觉农、卢守耕在浙江省立甲种农业学校时的老师，堪称中国现代农业教育的一代宗师。他留学回国后任大学教授和研究所所长，始终一身长袍加一双布鞋，过着非常俭朴的生活。陈嵘一直到晚年仍勤奋治学，坚持不懈。他将毕生的积蓄全部捐献，作奖励后学之用。

许璇（1876—1934），中国农业经济学科的先驱，浙江公立农业专门学校首任校长，1931年11月—1933年6月任浙大农学院院长，曾先后三次在浙大农学院及其前身任教。许璇为人耿直，不趋炎附势，工作认真，毫不苟且。他知人善任，尊重知识，尊重人才，高风亮节，堪为师表。许璇深受农民爱戴，到任与离任时被当地农民自发夹道迎送。他10年连任中华农学会会长，在农学界具有很高的威望。于1934年逝世，国立北平大学为他举行隆重的校葬，规模前所未有。

钟观光（1868—1940），我国近代植物学的开拓者、植物分类学的奠基人之一。他目睹当时军阀混战、帝国主义瓜分中国、人民大众处于水深火热之中之乱象，立志走科学救国之路。他长途跋涉，到野外采集植物标本，悉心整理，辨其类群，在笕桥浙大劳农学院创建我国近代第一座植物园，并建立植物标本馆。钟观光为中国近代野外采集植物第一人。

柳支英（1905—1988），昆虫学家，中国蚤类昆虫研究的奠基人，编写中国第一部蚤类简志。在抗美援朝的战场上，柳支英以自己渊博的知识和精湛的科研能力为抵抗侵略者的细菌战做出贡献。1952年2月，当时柳支英肺病尚未痊愈，但他毫不犹豫地参加抗美援朝。他在朝鲜前线因翻车而受伤，受到彭德怀司令员的三次慰问和鼓励。在反细菌战中，他上前线搜集毒虫标本，进行鉴定并指导防治。他向国际调查委员会提供美帝发动细菌战的铁证（因为这些昆虫种类在中国和朝鲜根本没有分布，完全是北美的种类）。柳支英还提出判别敌投昆虫（动物）"三联系、七反常、一对照"的原则，在抗美援朝斗争中发挥很好的作用。1952年，柳支英获卫生部颁发的"爱国卫生模范"奖章和奖状，并被朝鲜民主主义人民共和国授予"三级国旗勋章"。

讲到这里，我情不自禁地想起著名作家魏巍同志的名篇《谁是最可爱的人》。其中有一段：

> 亲爱的朋友们，当你坐上早晨第一列电车走向工厂的时候，当你扛上犁耙走向田野的时候，当你喝完一杯豆浆、提着书包走向学校的时候，当你安安静静坐到办公桌前计划这一天工作的时候，当你向孩子嘴里塞着苹果的时候，当你和爱人悠闲散步的时候……朋友，你是否意识到你是在幸福之中呢？你也许会惊讶地说：'这是很平常的呀！'可是，从朝鲜回来的人，会知道你正生活在幸福之中。请你们意识到这是一种幸福吧，因为只有你意识到这一点，你才能更深刻了解我们战士在朝鲜奋不顾身的原因。[①]

我想，在最可爱的人中也应包括浙大农学院的昆虫学家柳支英教授和当时的年轻女助教李淑平先生，他们既是教授，更是战士，也是最可爱的人，值得我们怀念和尊敬。

（二）学农志农爱农

"学农志农，手脑并用"是在20世纪20年代由浙大农学院首任院长谭熙鸿先生提出的。在笕桥时期，谭熙鸿曾亲率师生修筑连接浙大劳农学院和沪杭公路的2000米通道。师生创作《筑路歌》：

> 同学们！同学们！大家一起去做工，铲除一切不平路，康庄大道利无穷。筑路成功，筑路成功。伟哉劳农！半日读书，半日做工。大哉劳农！科学改造，革命先锋。

它透发出浙大劳农学院师生的豪迈气概、社会抱负和人生理想，也使人联想起同时代孙瑜作词、聂耳谱曲的《大路歌》："压平路上的崎岖，碾碎前面的艰难……背起重担朝前走，自由大路快作完……大家努力，一起向前。"两者何曾相似。中国是世界农业的发祥地之一，对人类农业

---

① 魏巍：《谁是最可爱的人》，载《中华散文珍藏本·魏巍卷》，人民文学出版社，2000，第6页。

科技发展做出过不可磨灭的贡献，但中国农业在近代落伍了。中国民主革命家、教育家、科学家蔡元培先生曾亲临浙江省立甲种农业学校作演讲，指出"实业中，工所制造、商所转运，大半取资于农业"，故"欲倡导农业以振济元"。[①]20世纪初期，当时的有志青年目睹凋敝衰败的农业和农村，恒下决心，以图振兴农业，改变国家面貌。吴耕民先生就是其中的代表人物之一。

吴耕民（1896—1991），我国著名园艺学家、农业教育家，中国近代园艺事业的奠基人之一。吴耕民19岁考入北京农业专门学校时，遂改名"耕民"，以示学农志农之决心。在赴日本留学前，吴耕民特地拜访了鲁迅先生，并把自己改名一事告诉了鲁迅。鲁迅高兴地说："你学农并改名耕民，名实相符，很好。"鲁迅还说："你已农专毕业，且成绩不错，农业科学已有根底，到日本深造，不要贪多，应专攻一门，则三年有成，可回国做贡献。"吴耕民没有辜负鲁迅的期望，在他长达70多年的学术生涯中，呕心沥血、辛勤耕耘，将毕生的精力奉献给祖国的园艺和农业教育事业。他在研究、总结、传播近代园艺科学知识和园艺人才方面做出了重大贡献。早在20世纪30年代初，吴耕民在西北，见当地百姓仅以盐、醋、酱油、辣椒（称为"四大金刚"）佐餐，他先从山东引进大白菜、甘蓝、番茄和瓜类等蔬菜进行试种并推广，又从青岛、日本引进大量树苗，尤以苹果苗为多，后西北发展的金帅、元帅、国光、红玉等优良品种就是那时引入的。吴耕民和他的学生沈德绪教授选育的"浙大长"萝卜至今仍负有盛名。1921年吴耕民在东南大学任教时，适逢梁启超讲学，他就在农场的"菊厅"请梁启超品尝番茄菜肴。因番茄味美，梁启超每餐必食并宣传之，番茄就推广开来了。吴耕民的晚年，是他一生中著述最为丰厚的时期。他虽年事已高，视力、听力和记忆力日渐衰退，但精神格外振奋，每天伏案笔耕，在短短的10年时间里出版4本专著计334万字，倾注了毕生的心血，对弘扬我国农业科学、促进农业生产、培养农业人才都产生了积极而深远的影响。吴耕民真正践行了"耕耘为民"的理想和志向。他的学生、曾在浙大农学院任教的著名柑橘专家章文才教授赞颂他："耕民先师，园艺泰斗，高徒万千，遗著盈车，奠基黄岩。功过

---

① 《浙江大学农业与生物技术学院院史（1910—2010）》，浙江大学出版社，2010，第4页。

农业科学家的梦想与奋斗

彦直，蔬果飘香，造福千秋。"1986 年，91 岁高龄的吴耕民光荣加入中国共产党，实现了他的夙愿。

（三）严谨治学

祝汝佐（1900—1981），昆虫学家。在浙大农学院执教近 40 载。在浙大抗战西迁到湄潭的艰苦岁月里，祝汝佐每晚在暗淡、跳跃不定的桐油灯下备课至深夜，教案一改再改，备课笔记补充了再补充，一丝不苟。他提倡学生勤奋读书。他主讲昆虫学课程，规定学生当时必须熟读伊姆斯（A. D. Imms）的《昆虫学纲要》。他主讲的经济昆虫学课程，规定学生要大量阅读期刊和参考书，要求学生大量背诵拉丁文学名，科以上、主要科及重要的农林害虫益虫学名必须牢牢记住。

祝汝佐教授办事十分认真。他在一生收集和研究的寄生蜂中，发现不少新种，但有的只因缺一两篇文献，就一直不肯发表。他的研究报告写成之后，还要反复琢磨，再三修改，不轻易付刊，极为严肃认真。为了使调查取样具有代表性、准确性，他要求数量大、重复多，记录力求详尽、及时。有个年轻人向他请教桑螵卵寄生率的考查数量，他答道："先查一万块。"按桑螵每个有盖卵块有卵 120 ～ 140 粒、无盖卵块有卵 280 ～ 300 粒计，就是说要查两三百万粒卵。

（四）科学创新

创新是浙大农科发展的"心脏"和"灵魂"。我们以陈子元院士的科学研究轨迹为例来认识科学创新在农科发展中的地位和作用。

陈子元院士是中国核农学的先驱和奠基人之一，著名的核农学家、农业教育家。1958 年在华家池创建我国农业院校中第一所同位素实验室。华家池在作家的笔下被誉为"陈子元的哥本哈根"。陈子元原本是搞化学的，1958 年因国家需要转到农业原子能应用领域。1960 年任主持工作的农业物理系副系主任，1978 年晋升为教授（实际上，陈子元 1951 年就被国立上海水产专科学校聘为兼任教授，时年 27 岁），1984 年任博导，1980—1981 年被聘为美国俄勒冈州立大学客座教授，1985—1988 年被聘为国际原子能机构（IAEA）科学顾问委员会委员（他是中国第一位参加该组织的专家，也是科学顾问委员会中唯一的中国科学家），1991 年当选为中国科学院院士（当时称学部委员）。

陈子元认为，一位成功的科学家必须有所创新，超越前人。他在长期的科学实践中形成"人无我有，人有我优，人优我特，人特我转"的创新路线，他提出"必须好于、高于、优于通常的、传统的，才是创新""只求第一，不求唯一"的创新观。他认为，培养创新思维，要有强烈的好奇心和求知欲。

1962年，美国海洋生物学家蕾切尔·卡逊（R. Carson）出版了惊世骇俗之作——《寂静的春天》，揭示了滥用农药的可怕危害，指出生态环境问题不解决，人类将面临"寂静的春天"，生活在"幸福的坟墓"之中。其实，几乎在同时，陈子元已在华家池默默无闻地创造性地应用同位素示踪技术对农药残留问题进行科学研究。在20世纪60年代，陈子元主持合成了15种同位素标记农药，他的科学创新为解决农药残留危害及农业生态环境保护提供必要的科研手段，填补了国内空白，开拓了应用同位素示踪技术研究农药与其他农用化学物质对环境污染及其防治的新领域。20世纪70年代，他花了整整6年时间，主持并完成"农药安全使用标准"重大项目的研究。80年代，又历时5年主持并完成"农药对农业生态环境影响"的研究，首先采用示踪动力学数学模型研究农药与其他农用化学物质在生态环境中的行为趋向与运动规律。由此可见，创新这根红线贯穿于陈子元科学研究的全过程。

三、农业发展的挑战和使命

实现中华民族伟大复兴的中国梦，核心是实现国家现代化。其中，农业现代化是关键和支撑，是实现中国梦的基础和前提，也是浙大农业科学家的夙愿。

农业是安天下、稳民心的基础产业，关乎"天下粮仓"，虽然占GDP比重不高，但具有极其重要的地位，就像人的心脏一样，体积不大，却是整个生命的基础。农业是生物生产、繁衍的产业，是绿色的产业。农业的产生是人类文明史上一次伟大的革命，距今已有万年悠久的历史，是名副其实的"万岁事业"。由于产业之间的经济功能与社会分工不同，农业将继续"万岁"下去。农业是生物与环境之间相互作用发展到一定阶段的产物。人类的农业产业在固态、气态、液态的三相界面上，耦联着自然界的四大循环，即固体运动的地质循环、液体运动的水循环、气体运动的大气循环以及有机界的生物循环。农业生物层所在的空间恰好是人类生存和活动的基本场所。农业生物层有精巧的结构，是人类衣食和生活的主要依托。它与人类居住的家园息息相关，是人类赖以生存和发展的根本保障。随着新的农业科技革命和知识经济的来临，农业生产的模式正在发生深刻的变化，新概念农业层出不穷。

同学们，党中央、国务院高度重视我国农业的发展，粮食生产在"九连增"的基础上，今年有望实现"十连增"。中国以不到全球10%的耕地养活了全球20%的人口，中国的农业成就令世界瞩目。但是，我们应该看到我国农业发展也有严峻的一面，据农业部部长韩长赋同志分析，主要面临四大矛盾：①农产品需求刚性增长与资源供给硬性约束之间的矛盾；②农产品供求总量平衡与结构性紧缺的矛盾；③农业生产成本上升与比较效益下降的矛盾；④农村劳动力转移就业与农业劳动力素质结构性下降的矛盾。我国是一个人多地少水缺的国家，耕地已从1995年的19.5亿亩减少到2010年的18.18亿亩，而18亿亩为耕地之红线。人均耕地面积由10多年前的1.58亩减少到1.38亩，仅为世界平均水平的40%。水资源人均拥有量还是仅为世界平均水平的25%。从中长期看，我国面临人口增加和耕地减少的双重压力。当前我国农业还面临水资源耗竭、水土流失、土地沙漠化、水污染、化学品污染、农业废弃物污染、耕地土质下降、陆地生态系统受到破坏等生态环境方面的压力。中国几代领导人邓小平同志、江泽民同志、胡锦涛同志都曾先后警告说：如果中国的经济要出问题，恐怕首先要出在农业上。习近平总书记十分重视农业的发展。他曾强调，中国人的饭碗要牢牢地端在自己手中，我们自己的饭碗主要要装自己生产的粮食。小康不小康，关键看老乡。

再从农业科技成果转化和推广上看，我国的农业科技成果转化率只有40%左右，科技进步贡献率只有52%，远低于世界发达国家水平。我国农业科技高端产品缺乏竞争力，50%以上的生猪、蛋肉鸡、奶牛良种，70%以上的农产品先进加工设备，90%以上的高端蔬菜花卉品种还依赖进口。当今时代，世界范围新一轮科技革命和产业变革正在兴起，全球知识创新和技术创新的速度明显加快，新科技革命的巨大能量正在不断蓄积，科技创新和产业变革的深度融合成为当代最为突出的特征之一。农业科技正孕育着新的技术性突破，生物技术、信息技术等高新技术迅猛发展，带动并加快了农业科技创新的过程，以生物组学技术、转基因技术为代表，全球农业科技正进入创新集聚爆发和新兴产业加速成长时期。欧美等农业科技强国和大跨国公司在农业生物技术领域占据优势地位，正逐步加大和加快进入我国市场的力度与速度。巴西、印度等新兴经济体国家农业科技竞争力也显著加强。进入大科学、大数据时代，世界各国抢占未来农业科技发展制高点的竞争将更加激烈。农业科学研究及技术推广的模式、体制、机制、理念都将发生深刻变化。

同学们，当今世界正处于大发展、大变革、大调整时期，农业和粮食问题始终是世界关注的热点之一。西方大国企图控制粮食市场，控制粮价，用粮食武器获取世界霸权。世界农业贸易中，"小麦大战""肉鸡大战""牛肉大战""香蕉大战"等曾闹得不可开交。一场没有硝烟的战争早已开始。

美国前国务卿亨利·基辛格（H. Kissinger）曾讲过："如果你控制了石油，你就控制了所有的国家；如果你控制了粮食，你就控制了所有的人。"农业的兴衰关乎社稷安危、国家命运并非危言耸听，也体现了当代农业发展问题的重要性、复杂性和深刻性。

德国著名哲学家伊曼努尔·康德（I. Kant）在《实践理性批判》中写道："有两样东西，我们愈经常愈持久地加以思索，它们就愈使心灵充满日新又新、有加无已的景仰和敬畏：在我之上的星空和居我心中的道德法则。"我相信，仰望农业的星空，更能加强农科莘莘学子的使命感和责任感。

同学们，逢千年盛世，发百年农科之积蕴，建一流学科，育一流人才，出一流成果，再开创第二个百年的更加辉煌。同学们将在实现中华民族伟大复兴的中国梦的奋斗过程中，让自己的青春绽放绚丽的光彩，为中国和世界农业发展做出应有的贡献，这也是百年以来浙大农业科学家奋斗精神的延续和时代担当。

谢谢同学们。

（2013 年 9 月 6 日于浙大紫金港校区农学院报告厅演讲）

陈子元院士学术探索和教育实践的价值与启示

——在"陈子元院士执教从研70周年志庆暨中国核农学发展论坛"的讲话

尊敬的陈子元院士、尊敬的各位领导、同志们、朋友们：

上午好！

陈子元院士是我国核农学的先驱和奠基人之一，同时也是卓越的农业教育家和德高望重的社会活动家。今天，我参加陈子元院士执教从研70年的庆典活动，感到非常荣幸和高兴！作为学生，也曾有幸同陈子元院士在原浙江农业大学领导班子一起工作过，这样，我同陈子元院士接触和交往，前后长达半个多世纪之久。半个多世纪以来，一直受到陈子元院士亲切的教诲、帮助和指点。今天，愿借这个机会谈谈自己的感受和体会，并与大家一起交流。

我第一次见到陈子元先生是1961年9月1日，当时我18岁，作为一个高中毕业生被浙江农业大学农业物理系录取，接待我的恰巧是陈子元先生。他身着一件白色短袖衬衣，高大英俊，风度翩翩，态度极为和蔼可亲，温文尔雅又善解人意，乐于助人，没有我想象中大学老师的架子。陈子元先生在我填写缓交入学费用的申报表上签上自己的名字，一丝不苟，字体端正秀丽，透发出深厚的人文修养和严谨的科学态度。这就是我对陈子元先生的第一印象。当时的我绝对没有意识到，在华家池第一位接待我的老师，是中国核农学的先驱和奠基人之一，是一位饮誉海内外的杰出科学家，是同王淦昌、程开甲、校友林俊德一样为人类和中国核科技做出卓越贡献的大家、翘楚。时隔半个多世纪，年逾古稀的我从陈子元院士学术成长轨迹中彻悟到卓越来自平凡、普通蕴藏着伟大的朴素真理。

就在我入学翌年的 1962 年，大洋彼岸美国海洋生物学家蕾切尔·卡逊（R. Carson）发表了她的惊世骇俗的著作《寂静的春天》。该书揭示了滥用农药的可怕危害，指出若生态环境问题不解决，人类将面临"寂静的春天"，生活在"幸福的坟墓"之中。这绝非危言耸听。殊不知，就在此时，大洋此岸的中国核农学家陈子元先生和他的团队，已经在华家池靠自己白手起家创建的简陋实验室，应用同位素示踪技术对农药残留与防治问题进行开创性科学研究，1963 年发表《利用放射性同位素研究茶树上喷洒有机磷杀虫剂——"乐果"后的渗入、消失和残留情况》的科学论文，从此一发而不可收。嗣后，陈子元先生又领衔主持由全国 43 所高等院校与科研院所、100 多位科技人员参加的试验研究项目，编制"全国农药安全使用标准"，从而使我国在农业生产上安全施用农药有据可查，有准可依，造福民生。陈子元先生与蕾切尔·卡逊从不相识，素昧平生，但他们从各自不同的领域，不约而同地触及影响人类共同命运的重大问题。陈子元先生以自己坚忍不拔的意志毅力和精深研究在核农学探索中对农药残留问题做出卓有成效的积极回应，起到先驱和示范的作用，却从不张扬，从不炫耀，总是那样默默无闻地付出辛劳，做出贡献。我认为，这就是陈子元先生的伟大之处，上善若水，大音希声。

陈子元先生执教从研 70 年，其中筚路蓝缕开拓中国核农学事业 56 个春秋。五十六载悠悠岁月，春华秋实，从回应"寂静的春天"到"美丽中国"建设，不断深入研究中国农业生态和环境保护问题，从华家池到维也纳，成为担任国际原子能机构（IAEA）科学顾问的第一位中国科学家，在世界和平利用原子能的舞台上发出中国声音，弘扬中国精神，展现中国形象，彰显中国作为负责任大国对人类和平利用原子能事业的责任与担当。陈子元先生"居庙堂之高，则忧其民；处江湖之远，则忧其君"，他的奋斗足迹是一位党员科学家为实现强国梦的真实写照，也是中国核农学发展的一个缩影、中国高等农业教育的一个侧面。

陈子元先生也是一位卓越的农业教育家。他自 1953 年来到华家池任教以来，再也没有离开过。他在华家池创建了我国农业院校第一所同位素实验室，创建了农业物理系。他担任浙江农业大学副校长、校长长达 10 余年，是浙江农业大学任职最长的校领导之一。陈子元先生坚定地贯彻党的教育方针，坚持社会主义办学方向，他主政学校期间也是浙江

陈子元院士学术探索和教育实践的价值与启示

农业大学发展最好的时期之一。早在 1983 年，他根据自己长期教育管理实践的经验，提炼出"上天落地"的学校发展战略目标。在此期间，浙江农业大学学科建设蓬勃向上，科研成果在全国农业院校中名列前茅；桃李缤纷，人才辈出，涌现出一大批优秀农业科技人才，大批毕业校友成为省市县领导，农业科技推广深受农民欢迎；校园建设和文化传承生机勃勃，国际交流和留学生培养硕果累累。学校在该时段的长足发展，为日后浙江农业大学跻身"211 工程"行列打下坚实基础。陈子元先生爱校如家，爱生如子，表里如一，知行合一，深受广大师生的敬仰和爱戴。

我的印象中，陈子元先生总是行色匆匆，诸事繁忙，终日乾乾，躬耕不息。他在长期的科研实践探索中形成了独树一帜的科学教育理念，如重视基础教育的"高原造峰效应""多读勤思践行"的知行观，"凡事勤则易，凡事惰则难"的难易观，"做人做事做学问，做人第一"的人生观，"无私奉献是工作和学习的根本"的价值观，"每当研究成果应用于农业，农民高兴，自己感到满足"的幸福观，"人无我有，人有我优，人优我特，人特我转"的创新路线，"创新必须好于、高于、优于通常的、传统的，才是创新"及"只求第一，不求唯一"的创新观等，深刻地映射出他一生孜孜不倦地热爱科学、探索真理的意向性追求，献身农业教育和科学研究事业的职业操守，躬耕践行、探索未知无穷尽的求真求是指向。陈子元先生高尚的情操和严谨的科学作风，深深地感染和教育了广大学生及我本人，是一笔极为宝贵的精神财富，也帮助我夯实一生安身立命的基石，修建起遮风避雨的精神家园，使我终身受教获益。陈子元先生以自己渊博的知识教育学生，以美好的德行引导学生，以完善的人格影响学生，润物无声，潜移默化。一个人遇到好的老师是人生的幸运，一个学校拥有好的老师是学校的荣光，一个民族源源不断地涌现出一批又一批好的老师是整个民族兴旺发达的希望。

陈子元先生 70 年执教从研的奋斗足迹和辉煌成就，是党的培养、时代的召唤和自身的奋斗的结果，也是向青年学生进行中国梦教育、培育和践行社会主义核心价值观生动而有说服力的教材。重视和加强陈子元先生学术思想和教育理念的研究宣传，是一项长期的具有战略性的任务。我相信，在争创世界一流大学的进程中，浙江大学、农学院一定会源源不断地涌现出像陈子元先生那样的杰出科学家和教育家。

2014 年欣逢敬爱的陈子元院士九十华诞，虽然陈子元院士生日已过，但作为学生，我还是要借此机会敬祝陈子元先生、陈师母健康长寿，福如东海，寿比南山！

谢谢大家。

（2014 年 11 月 15 日于浙大紫金港校区农学院报告厅演讲）

浙大精神在农科的传承和发展

百年院史　光耀千秋 ①

　　浙江大学农学院从其前身——浙江农业教员养成所 1910 年在杭州马坡巷租赁民房创办以来，至 2010 年已整整 100 年了。在一个世纪的沧桑巨变、风雨砥砺中，浙江大学农学院在"求是"大纛指引下，逐渐形成了具有自己特色的优良传统，成为浙大求是精神和校风的重要传承者。浙江大学农学院在"一百年的创造、一百年的追求、一百年的坚守、一百年的传承"中，形成了自己的宝贵传统。

一、求是精神之弘扬

　　纵观浙大农学院百年历史，有两条线索十分清晰：其一，始终和国家、民族同命运、共呼吸，公忠报国，奋勇前进；其二，学农志农，献身农业。其实，两者似二实一，都源于求是精神，为求是精神之体现。

（一）爱国传统

　　大学是培养国家和社会人才的摇篮。爱国传统就像一条红线贯穿于浙大农学院百年历史的全过程。这种光荣的爱国传统在笕桥国立第三中山大学劳农学院时期的《筑路歌》中得到反映和印证。当时师生们在院

---

① 本文原载邹先定主编《浙江大学农业与生物技术学院院史（1910—2010）》，浙江大学出版社，2010，第 121-130 页。摘要发表于《浙江大学报》2010 年 11 月 22 日第 4 版（整版）。

长谭熙鸿的率领下，利用课余时间奋力筑路，豪迈地唱出自己的革命志向和爱国情怀："同学们！同学们！大家起来去做工，铲除一切不平地，康庄大道利无穷。筑路成功，筑路成功。伟哉劳农！半日读书，半日做工。大哉劳农！科学改造，革命先锋。"植物学家钟观光目睹当时军阀混战、帝国主义列强瓜分中国、人民大众处于水深火热之中之情境，立志走科学救国之路，冀求国富民强抵御外侮。他长途跋涉，最早到野外采集植物标本，悉心整理，辨其类群，在笕桥劳农学院创建了我国近代第一个植物园并建立植物标本馆。关于公忠报国，竺可桢校长曾多次在不同场合透辟地阐释过。他强调学生在学习期间"努力于学业、道德、体格各方面的修养"，学成后能担当国家重任，"为社会服务"，"精研科学、充实国力"，"不忘中华民族的立场"，把"我国建设起来成为世界第一流强国"。[①] 即使在最为艰难的抗战西迁途中，当国家、学校和家庭遭受前所未有的巨大灾难和打击时，竺可桢校长在亲撰的《国立浙江大学宜山学舍记》中仍号召浙大学人"扬大汉之天声"，就是在今天祖国日益强盛、和平崛起于世界东方的时候，读后仍令人荡气回肠、内心震撼，受到感染和教育。

百年农学院历经清朝末年、辛亥革命、五四运动、第一次与第二次国内革命战争、抗日战争、解放战争和新中国成立，直至改革开放的今天。富有光荣革命传统的农学院师生一贯视天下为己任。早在五四运动时期，农校的学生就积极投身于反帝反封建的爱国运动之中。在新中国成立前夕的历次爱国学生运动中，农学院广大学生始终站在前列，成为浙大民主堡垒的中坚力量。在斗争中曾涌现陈敬森、邹子侃、于子三等杰出的学生运动领袖。于子三烈士为民族独立、人民解放而艰苦奋斗、百折不挠、英勇献身的爱国主义精神被誉为"学生魂"。革命先烈在人们心中筑起了永远的丰碑。抗战胜利后，蔡邦华教授等不辱使命，参与台湾大学的接收和建设。农学院有一大批正直的教授和志士仁人，面对旧社会黑暗势力拍案而起，为社会进步奋不顾身、不屈不挠地进行斗争。一批批热血青年，漂洋过海，出国深造，学成后毅然放弃优厚待遇，回到浙大农学院任教，报效祖国。新中国成立后，浙江大学农学院进入一

---

① 陈锡臣、季道藩：《竺可桢与浙江大学农学院》，载《竺可桢诞辰百周年纪念文集》，浙江大学出版社，1990，第243页。

个崭新的历史发展阶段。师生目睹新旧社会强烈对比，从内心热爱共产党，热爱社会主义，以忘我劳动的热情投身于新中国的建设。如农学院森林系师生在邵均教授带领下辗转南北，先去浙西进行森林普查，接着挥师海南岛勘察橡胶园，又马不停蹄地考察浙江沿海海崖防护林，为国防事业做出了贡献，在全国高校院系调整中又服从国家需要，从"花香鸟语"的杭州远赴"万里雪飘"的哈尔滨，开创林业教育的新篇章。在抗美援朝的战场上，柳支英教授以自己精湛的科学研究能力为反击侵略者的细菌战做贡献。类似的事例，在浙大农学院不胜枚举，农学院师生拳拳报国之心、感人的爱国之举，均践行着公忠报国的崇高理念。当然，更多的是不能一一列举的广大师生员工在长达一个世纪的漫长岁月里，为民族振兴、国家强盛，筚路蓝缕，殚精竭虑，坚韧不拔地为农业科学研究、人才培养和社会服务卓有成效地工作和奉献，并取得令人瞩目的成就。

（二）学农志农

中国是世界农业的发祥地之一，对人类的农业科技做出过不可磨灭的贡献，但在近代落伍了。中国近代的一些有识之士呼吁提倡农业、振兴产业。蔡元培先生在亲临浙江省立甲种农业学校（浙大农学院之前身）视察所作的演讲中就指出："实业中，工所制造，商所转运，大半取资于农业"，故"欲提倡农业以振济元"。[①]当时的有志青年目睹凋敝衰败之农业及农民的悲惨境遇，恒下决心学农志农，以图振兴农业，改变国家面貌。曾就读于浙江省立甲种农业学校并开始其学农生涯、后成为著名农业科学家的沈宗瀚在其自传体著作《克难苦学记》中写道："余生长农村，自幼帮助家中农事，牧牛、车水、除草、施粪、收获、晒谷、养蚕、养鸡等颇为熟练，且深悉农民疾苦，遂毅然立志为最大多数辛劬之农民服务。"[②]当年19岁的吴耕民考入北京农业专门学校，改名"耕民"，以示学农的决心。[③]1919年，吴觉农在五四运动新思潮影响下，逐渐觉悟到发展农业科学对于救国救民关系重大，立志为振兴祖国农业而奋斗，故更

---

① 《浙江农大报》1996年5月25日第4版。
② 沈宗瀚：《克难苦学记》，科学出版社，1990，第20页。
③ 吴耕民：《治学漫谈》，载《学人谈治学》，浙江人民出版社，1982，第63页。

名"觉农"。

吴耕民是中国园艺科学的奠基人，吴觉农有"当代茶圣"之称，沈宗瀚是我国著名的农业科学家。学农爱农志农，献身农业，卓有成效地为农民服务，已成为百年以来浙大农科人永恒的追求。

二、勤朴作风的传承

求是务必求实。求实必须摒弃虚假、浮夸、矫饰，需要诚信和踏实。勤朴是一种作风、内质，是求真务实、实事求是的保证。勤朴的涵义丰富而深刻。勤可理解为勤奋、认真、努力；朴具有朴实、朴素、质朴之涵义。这些都是从事农业科学研究和教育事业所需要的作风和品格。

（一）严谨治学

梁希，我国杰出的林学家、教育家和社会活动家，中国科学院学部委员，新中国第一任林垦部（后改为林业部）部长。20 世纪 20—30 年代，他于浙大农学院执教。梁希既爱憎分明，刚直不阿，又谦虚谨慎，虚怀若谷，一贯坚持实事求是的原则，说实话，办实事，深入实际，以"为人民服务，万死不辞"的精神，投身于林业建设工作。梁希不论做学问还是做工作，总是一丝不苟，脚踏实地。他在浙大农学院期间，整日埋头教学和科学研究，除上课外，还常同助教、学生一起做林化试验。他的大部分时间在实验室中度过。在实验中，他严肃认真，一点也不马虎。为了取得准确的实验数据，他同助教们总是夜以继日不知疲倦地进行试验。他撰写一篇论文或科普文章，文中的每一件事实、每一个数据都要做到准确无误，他对收集到的每一件资料都要进行细致的分析和核对。[①]

从在浙大农学院执教近 40 载的昆虫学家祝汝佐教授的教学生涯中，也可进一步感受到浙大农学院治学之勤奋、严谨，研究之扎实。

在抗战西迁到湄潭的艰苦岁月里，祝汝佐每晚在灯光暗淡、跳跃不定的桐油灯光下备课至深夜，教案一改再改，备课笔记补充再补充。他提倡学生勤奋读书。他主讲的昆虫学课程规定学生必须熟读伊姆斯（A.

---

① 金善宝：《中国现代农学家传》第一卷，湖南科学技术出版社，1985。

D. Imms）的《昆虫学纲要》。他主讲的经济昆虫学课程规定学生要大量阅读期刊和参考书，要求学生大量背诵拉丁文学名，科以上、主要科、重要的农林害虫与益虫的学名必须牢牢记住。①

祝汝佐教授办事十分认真，一丝不苟。他在一生的收集和研究中，发现不少寄生蜂新种，但有的只因缺一两篇文献，就一直不肯发表。他的研究报告写成之后，还要反复琢磨，再三修改，不轻易付刊，极为严肃认真。为了使调查取样具有代表性、准确性，他要求数量大、重复多，记录力求详尽、及时。有个年轻人向他请教桑蟥卵寄生蜂的考查数量，他答"先查一万块"。按桑蟥每个有盖卵块有卵 120 ~ 140 粒，无盖卵块有卵 280 ~ 300 粒计，就是说要查二三百万粒卵。②

祝汝佐教授的研究生、全国第一届和第二届百篇优秀博士学位论文指导教师胡萃教授在野蚕黑卵蜂和菜粉蝶寄生蜂的研究中，历时数年之久，研究工作量之巨，工作之烦琐、枯燥令人难以想象，必须具有科学热情和严谨、一丝不苟、持之以恒的态度方能完成课题研究。马克思曾说过："在科学上没有平坦的大道，只有不畏劳苦沿着陡峭山路攀登的人，才有希望达到光辉的顶点。"浙大农科就有一批这样执着的攀登者。

（二）勤劳治事，方正持身

以史为鉴，可知兴替；以人为鉴，可明得失。从浙大农科先辈治学治事的态度和品行中可瞻其勤劳治事、方正持身的高尚品德。

陈嵘，浙江省立甲种农业学校校长、著名林学家、中国近代植物分类学家。他治学严谨、作风踏实、身体力行，深受学生们的尊敬和爱戴。陈嵘在浙江省立甲种农业学校任教时是吴觉农、沈宗翰、卢守耕的老师，堪称中国现代农业教育的一代宗师。他留学回国后历任大学教授和研究所所长，仍然长袍布鞋，始终过着非常俭朴的生活。陈嵘一直到晚年仍勤奋治学、坚持不懈。他在病重时，将其历年工资和稿费储蓄捐赠给中国林学会，用以奖掖后人。③

① 《中国科学技术专家传略（农学编·植物保护卷1）》，中国科学技术出版社，1992，第24页。
② 马克思：《资本论》第一卷，人民出版社，1975。
③ 《中国现代科学家传记》第一集，科学出版社，1991，第470-473页。

许璇，浙江公立农业专门学校首任校长，1931 年 11 月—1933 年 6 月任浙大农学院院长，曾先后三次在浙大农学院及其前身任职任教。他是中国农业经济学科的先驱者。许璇为人耿直，不趋炎附势，工作认真，毫不苟且，知人善任，尊重知识，尊重人才，高风亮节，堪为师表。他学识渊博，基础扎实，但对著书立说却非常慎重，每一立论考虑再三，不轻易发表著作。"板凳须坐十年冷，文章不著一字空。"直至晚年，正式由商务印书馆出版的专著仅有《农业经济学》和《粮食问题》两种。这就让人想起了恩格斯的名言："即使只是一个单独的历史事例上发展唯物主义的观点，也是一项要求多年冷静钻研的科学工作，因为很明显，在这里只说空话是无济于事的，只有靠大量的、批判地审查过的、充分掌握了的历史资料，才能解决这样的任务。"[1]许璇研究农业经济，注重联系农业农村实际，深受农民爱戴，他每次来校任职或离职时，附近农民均列队欢迎或欢送，令人十分感动。[2]

20 世纪 20—30 年代曾在浙大农学院执教的金善宝，是我国现代卓越的农业教育家、科学家，中国小麦研究的重要奠基者之一，一级教授，中国科学院学部委员。金善宝在浙大农学院时，身先士卒，下地种麦示范，并于 1934 年出版了我国第一本农科大学小麦教科书《实用小麦论》。金善宝从事农业教育和科研七十年如一日。他学农爱农，终生为农业服务，同时也是一位勇于实践，不唯上、不唯书、实事求是、据理直言的科学家。[3]

李曙轩是我国著名园艺学家，在浙大农学院执教 38 年。他始终鼓励学生要不断进取，干事业要有献身精神，研究学问要锲而不舍，这样才能有所作为。他言传身教，身体力行，给青年树立了榜样。李曙轩不分节假日、寒暑假，总是在温室或试验地里搞科学试验。他喜欢自己动手，以获取第一手资料。他常常脱掉外衣，挥汗记载，或跪在地上拍照片，有时一连数小时聚精会神地在显微镜下观察。他珍惜分分秒秒，走到哪里就工作到哪里、学习到哪里。李曙轩晚年患有严重的心脏病，

---

① 《马克思恩格斯文集》第二卷，人民出版社，2009，第 598 页。
② 杜修昌：《中国农业经济学科先驱者——许璇先生》，载张磊、陈锡臣：《浙江农大八十年》，浙江科学技术出版社，1991。
③ 《中国现代科学家传记》第一集，科学出版社，1991，第 493 页。

1989 年夏天，他突然心脏病发作，不得不住进医院治疗。住院期间，他几度病危，稍有好转，便伏在病床上校阅论文，撰写文章，枕边搁置一本已翻阅破旧了的英汉辞典，或找人商量工作，有时还出院参加研究生论文答辩。李曙轩一生勤劳治事，方正持身，在他生命的最后一段时间，仍关心蔬菜学科的发展，筹划如何建设具有国际水平的蔬菜重点学科，仍然惦记着年轻人的成长，真正把毕生的精力贡献给祖国的园艺科学事业。[1]

（三）敬业爱校，矢志不渝

浙大农学院师生敬业爱校，一往情深。农业是人类与自然界关系最为密切的一个产业。农业科技工作者是自然之子，他们长年累月与自然打交道，从事绿色事业，形成了朴素无华、淡定宁静、顺乎自然的禀性和气质，也历练出强健、坚韧的体魄。在华家池有一批长寿的教授，潜心研究，著述不辍。

吴耕民教授的晚年，是他一生中著述最为丰厚的时期。党的十一届三中全会后，吴耕民虽事已高，视力、听力和记忆力日渐衰退，但精神格外振奋，每天伏案笔耕，在短短的 10 年中，出版了 4 本专著，计334 万字。[2] 至 1989 年，他又先后完成了《中国温带落叶果树栽培学》和《温州蜜柑诊断栽培技术》两本书稿，前者约计 150 万字。[3] 这些晚年的著述倾注了他毕生的心血，对弘扬我国的农业科学、促进农业生产、培养农业人才都产生了积极的影响。

陈鸿逵教授年至 108 岁，还关心着国家的农业和学校发展。2007 年浙大 110 周年校庆，这位在浙大农学院工作奋斗了七十几个春秋、我国现代植物病理学的奠基人之一、当时浙大唯一健在的国家一级教授，精神矍铄地坐着轮椅参加学校的庆祝晚会。他一生无私奉献、爱校如家、无限眷恋的情怀令人感佩不已。

亲历浙大西迁的原浙江农业大学副校长、顾问、小麦专家陈锡臣教

---

① 《中国科学技术专家传略（农学编·园艺卷 1）》，中国科学技术出版社，1995，第 285–286 页。
② 《中国科学技术专家传略（农学编·园艺卷 1）》，中国科学技术出版社，1995。
③ 《纪念吴耕民教授诞生一百周年论文集》，中国农业科学技术出版社，1995。

授，昆虫学家唐觉教授，植物病理学家葛起新教授，以及农史学家游修龄教授等，均年逾九旬、德高望重，他们一如既往，敬业爱校，是后学的楷模。

他们对事业执着追求和无私奉献，对学校、对华家池则无比热爱、眷恋，一往情深。

1982年4月，在浙大校庆期间，蔡邦华院士特赋诗庆贺："巍峨学府，东南之花。工农肇基，文理增嘉。师医法学，雍容一家。求是为训，桃李天下。东方剑桥，外宾所夸。民主堡垒，争取进步。美哉浙大，振兴中华。"爱国爱校的真挚之情跃然纸上。

2008年，园艺学家、植物生理学家、农林教育家张良诚教授不幸去世。其亲属将张良诚先生的全部遗产100万元捐赠给浙大教育基金会，同当年陈嵘先生、卢守耕先生的捐赠一样，用以资助学科发展和奖励后人。

新中国成立后担任浙大第一任党委书记，长期担任浙江农学院党委书记、院长的金孟加同志，把华家池视为自己的第二故乡，表达了对农学院无限眷恋的真挚情感。丁振麟校长逝世后，骨灰撒在华家池校园，长眠在母校的土地上，与母校永不分离。

三、永远的奋进

（一）学以致用

早在国立第三中山大学劳农学院时期，院长谭熙鸿就主张"学农志农，手脑并用"。劳农学院采取理论联系实际的教育方针，上午课堂学习，下午田间劳动（实习），理论联系实际。长期以来，学以致用、不尚空谈、手脑并用、勇于创新已成为浙大农学院教学和科研的传统。

农业科学技术具有极强的实践性。"纸上得来终觉浅，绝知此事要躬行。"我国园艺学泰斗吴耕民在教学中一贯主张理论联系实际。他认为，学习要做好"五到"，即强调"除口到、眼到、心到外，还要手到、足到"。"手到"是指练习实践，"足到"是指多做实地考察。[①]他在笕桥

---

① 《中国科学技术专家传略（农学编·园艺卷1）》，中国科学技术出版社，1995。

任教时，总爱手扶果树讲解果枝差别，判别树势，修剪果枝。[①] 吴耕民既有渊博的理论知识，又有丰富的实践经验，不仅使学生掌握扎实的园艺基本功，而且使学生耳濡目染，逐渐养成勤诚实干的作风。1949 年考取浙大农学院园艺系、后成为知名蔬菜专家的陈杭就受吴耕民的影响极深，吴耕民"不仅读好书，更重要的是学以致用"的重视实践的教诲，使她终身受益。[②]

（二）科学创新，薪火相传

创新在农业科技领域，包括知识创新、技术创新、研究方法和手段创新、研究体制和模式创新等。农业科学属于应用科学，但也有其特有的理论基础、体系和逻辑，有待于实践中不懈探索和理论上不断创新，从而在农业科学技术上有所发现、有所发明、有所创造、有所前进。百年来，浙大农学院历经我国农业科技发展的不同时期，即民国初年至抗日战争、抗日战争至新中国成立前夕、新中国成立后特别是改革开放迎来"科学的春天"的蓬勃发展阶段等。可以无愧地说，在各个时期，浙大农学院均做出自己宝贵的贡献。更令人振奋的是，进入 21 世纪，农学院的科学研究进入发展的"快车道"，生机勃发，出现许多新成果和新成就。

从浙江省立甲种农业学校创建浙江省第一个自办测候所到钟观光先生创建中国近代第一个植物园；

从 20 世纪 30 年代远东地区最大的温室到在我国首创拖拉机实际应用于开垦的实践；

从蔡邦华、唐觉在湄潭五倍子研究之创新到李约瑟盛赞的"罗登义果"；

从杨新美通过"孢子弹射法"在世界上首次获得银耳菌芽孢到李曙轩在世界上最先用激素控制瓠瓜的性别表现；

从孙逢吉在世界上首次运用回归方法研究甘蔗产量与气候的关系到吴耕民、沈德绪培育的"浙大长"萝卜闻名全国；

---

① 钱英男：《追忆笕桥往事》，载张磊、陈锡臣：《浙江农大八十年》，浙江科学技术出版社，1991。

② 《中国科学技术专家传略（农学编·园艺卷 2）》，中国农业出版社，1999。

从朱祖祥年轻时潜心研究土壤化学速测方法到他的创新成果在全国土壤普查中的广泛应用；

从蒋芸生组织编写全国第一套茶叶专业教材到茶学系在全国最早招收茶学研究生和培养出第一名茶学博士；

从沈学年创立我国的耕作学、主持编写我国第一部《耕作学》教材到叶常丰创建我国第一个种子专业，招收种子科学研究生；

从 1958 年自力更生、因陋就简创建我国农业院校最早的同位素实验室到学科带头人陈子元被聘为国际原子能机构（IAEA）的科学顾问委员会委员；

从采集收藏的农林寄生蜂标本为全国之冠到建立全国闻名的土壤标本陈列馆；

从汪丽泉等首次获得小麦与球茎大麦属间杂种到高明尉等培育成"核组 8 号"世界首例小麦体细胞变异育种创新品种；

从丁振麟月光花嫁接甘薯成功到樊德方开创我国最早的农药生态毒理实验研究和理论探索，以及全国农业院校第一个农业生态研究所在华家池诞生；

从庄晚芳关于茶树原产地的系统认证到游修龄关于中国栽培稻起源的研究；

从周雪平在国际上首次发现病毒在植株内重组而被誉为当时一周内世界科学界最为重要的发现之一，到刘树生作为第一作者兼通讯作者在国际权威刊物《科学》（Science）上发表学术论文；

从华跃进等"DNA 修复开关基因的出现与鉴定"入选中国高校十大科技进展，到喻景权等研究成果"蔬菜作物对非生物逆境应答的生理机制及其调控"荣获国家自然科学奖二等奖；

进入 21 世纪，园艺学、植物保护学、作物学等一级学科在全国同类学科整体水平评估中均名列前茅，园艺学、植物保护学一级学科以及生物物理学、作物遗传育种等二级学科均为国家重点学科。

以上所述，无不闪烁着浙大农科人立足浙江、面向全国、走向世界，"顶天立地"、科学创新的智慧。

需要说明的是，以上所列举的主要是有关植物生产方面科学创新的一些成果。但浙大农学院百年科学创新、薪火相传的轨迹，已可略见。

浙大农科的科学家在长期的农业科研实践中，由于师承和学风、治学传统的传承，逐渐形成有自己特色的研究范式。以蔡邦华和陈子元两位院士的科学研究为例。蔡邦华的科学研究主要有 3 个特点：第一，强调科学研究要密切结合实际，他认为在自然条件下，才能正确地探明害虫发生的规律。第二，强调野外工作，主张实地考察，并且要求用综合方法来分析害虫发生的环境规律。第三，思路活跃，不拘泥于旧框框，力求用最新的科学观点和研究成果来充实自己的研究内容。[①] 陈子元则从道德修养方面总结科研实践的体会。第一，求真务实。通过辛勤劳动和探索，寻找事物固有的本质特点和运动规律，来不得半点虚伪和浮夸。第二，团结协作。孤家寡人是难有大作为的。要学会尊重其他同志的工作，做到不嫉贤妒能，不文人相轻。第三，豁达大度。要容得下各方面的人，听得进不同意见。农业讲杂交优势，不搞近亲繁殖，不同学科要互相交融。第四，无私奉献。无私奉献是工作和学习的根本。每当研究成果应用于农业时，农民高兴，研究者自己也感到满足。[②]

（三）教书育人，青蓝相继

从严治教，循循善诱，教书育人，桃李满天下，为浙大农学院求是、勤朴的优良传统在教育实践上之体现。

早在国立第三中山大学劳农学院时期，教师们既有渊博的理论知识，又有丰富的实践经验。他们认真教书，循循善诱，身教言传，不遗余力，对基本功的传授尤为重视，以身作则，频频示范。吴耕民修剪果树，金善宝挥锄种麦，卢守耕下田插秧。当时，王希成教学生使用单筒显微镜，严格要求用左眼看筒内物象，右眼看镜右面的纸，右手执笔，将观察所得画在纸上，既快又准确，为后来使用双筒镜做好准备。

曾在农艺系任教的过兴先讲授《农业概论》课程时，将听课的六七十名学生的笔记本全部收去，事隔两天，又全部发还给每个学生，学生发现老师已做了细心的修改和补充。这种认真负责的教学态度，令学生终生难忘，遇事不敢苟且。[③]

---

① 《中国现代科学家传记》第三集，科学出版社，1991，第 454 页。
② 陈子元：《怎样做一个合格的科学工作者》，载《陈子元传》，宁波出版社，2004。
③ 张磊、陈锡臣：《浙江农大八十年》，浙江科学技术出版社，1991。

农业教育家、昆虫学家屈天祥教授，在教学上坚持"教学和科研相辅相成，二者不可缺一"的观点。他在指导学生科研时，要求严格，目的明确，任何一个环节都不放过，稍有差错，则需重做。他讲课内容少而精，讲究实效，平时对学生在学习上以启迪为主，以达到豁然开朗的教育目的。屈天祥除指导学生做好课堂实验外，还亲自带学生在田间果园各处观察害虫的发生情况和为害症状。他满怀热情，循循善诱，以自己的行动去影响学生。①

对于青年教师，农学院也同样严格要求，关心他们的成长。作物遗传育种学家、农业教育家季道藩教授，几十年如一日严格要求年轻教师提高品德修养，既提出做学问的"三心"要求，即要虚心、用心和有恒心，又提出年轻教师"教学跟课，科研跟人"的培养方案。②

在这样一批勤奋刻苦、学术精湛、操守高尚的老师的教育和感染下，浙大农学院一批又一批莘莘学子成为国家有用之才，为国家的农业发展和社会进步做出贡献。浙大农学院1936届校友钱英男指出："老师们以身作则的传教，使我们学会了扎实的基本功，而朴实诚勤的高尚品德，更使我们终身受用。毕业后投入社会，获得交口赞誉，夸奖浙大农科子弟既懂得理论又会实干，且有不畏艰苦、不争待遇的好品德。"③浙大农学院1948届校友伍龙章归纳自己在校求学的体会："在我这42年的人生历程中，有三种精神支柱始终支配和督促着我的思想、工作和言行。第一，母校的'求是'校风、务实精神、奋发学习、严格考试，使我对工作和教学总是兢兢业业不敢丝毫苟且。这是母校的校风、教风、学风赋予我最宝贵的精神财富。第二，老师们的博览群书、学术造诣、勇于实践、诲人不倦、以身作则、言传身教、严格要求，是我一生工作做人的典范楷模。第三，同时代的同学刻苦学习、艰苦朴素、热爱祖国、如火如荼的学生运动、勇往直前、主持正义、追求真理、向往革命、不怕牺牲的精神，是我在40多年的工作、学习和生活的准则。"④

百年来，浙大农学院培养了数以万计品学兼优的学子，涵盖博士、

① 《中国科学技术专家传略（农学编·植物保护卷1）》，中国科学技术出版社，1992。
② 《中国科学技术专家传略（农学编·作物卷2）》，中国农业出版社，1999。
③ 张磊、陈锡臣：《浙江农大八十年》，浙江科学技术出版社，1991，第128页。
④ 同③，第180页。

硕士、本科、专科和继续教育等各层次。毕业生遍布全国各地，大都成为农业教育、科研和科技推广的骨干力量，有的已是国内外知名的专家、学者，还有相当一部分担任学术界或政府部门的领导职务。浙大农学院还先后培养了来自亚洲、非洲、欧洲、美洲40多个国家和地区的留学生，其中越南留学生阮攻藏回国后曾担任越南社会主义共和国的农业与农村发展部部长、副总理等职务。

四、献身农业，服务人民

民以食为天，国以农为本。布帛菽粟这些人民生活中不可或缺的东西，均出自农业。从生产到生活再到生态，从田间到餐桌再到休闲，从产中到产前、产后，农业的社会功能不断延伸和拓展。特别是现代农业在维护和提高人类生活质量、改善人类生存环境方面具有不可替代的作用。农业是关乎国计民生，保障食物安全和社会安定、和谐，与人民生活关系最为密切的基础产业。百年以来，浙大农学院在以上方面做出了不懈的努力和卓越的贡献。在此，仅选摘几位浙大农业科学家的感人事迹，以展示浙大农学院献身农业、服务人民的赤诚之心。

早在20世纪30年代初，吴耕民在西北见当地百姓仅以盐、醋、酱油、辣椒（被称为"四大金刚"）佐餐，他就从山东引进大白菜、甘蓝、番茄和瓜类等蔬菜进行试种并推广，以改善西北人民的生活。后又从青岛和日本引进大批果树苗，尤以苹果苗最多。后来西北的金帅、元帅、国光、红玉等苹果优良品种，就是那时引进的[①]。如今西北已成为我国重要的苹果生产基地，苹果产业为西部大开发战略中产业经济发展做出贡献。著名园艺学家、我国柑橘学科奠基人之一的章文才教授对吴耕民先生献身农业、服务人民的精神给予高度评价："耕民先师，园艺泰斗，高徒万千，遗著盈车，奠基黄岩，功过彦直，蔬果飘香，造福千秋。"吴耕民真正践行了他自己"耕耘为民"的理想。

"绿色革命"是20世纪60年代兴起的农业新技术革命。同我国农业科学家一道，浙大农科的教授专家们为中国的绿色革命做出了积极的贡

---

① 张上隆：《纪念吴耕民教授诞辰一百周年论文集》，中国农业科学技术出版社，1995。

献，总结出良种良法配套、现代科学技术与精耕细作相结合的方法。培育高产优质稻麦良种，创新耕作制度，推行良田、良制、良种、良法的"四良配套"以及"两段育秧"等技术创新成果，在浙江推广"麦稻稻三熟制双千斤试验"，推动浙江粮食生产上台阶，并走在全国前列。夏英武教授等培育的早籼良种"浙辐802"是当时世界上种植面积最大的辐射突变品种。

1962年，美国海洋生物学家蕾切尔·卡逊（R. Carson）在大洋彼岸发表了她的惊世骇俗之作《寂静的春天》，以揭示滥用农药的可怕危害时，核农学家陈子元已在华家池默默无闻地应用同位素示踪技术对农药残留问题进行研究。进入20世纪70年代，他则主持制定了"全国农药安全使用标准"，历时6年圆满完成[1]。关乎民生，造福百姓。

为了科学和教育，为了农业和服务人民，浙大农科人百年奋进，甚至直至自己生命的最后一刻。

昆虫学家、农业教育家屈天祥教授猝死于他的办公室，工作到生命的最后一刻。

朱祖祥教授，著名土壤学家，我国土壤化学的主要奠基人，中国科学院院士，曾担任浙江农业大学校长、名誉校长，是我国农业科技与教育领域的一代宗师。1938年，年仅22岁的朱祖祥留校任教，开始从教生涯。当时正值抗战时期，浙大西迁，他出色地担负起押运整个农学院仪器、药品等设备的艰巨任务。1996年，80岁高龄的朱祖祥院士亲自参加长江三角洲地区资源与经济社会发展考察，不幸因公逝世。在长达近60年的漫长岁月里，他殚精竭虑地为祖国培养了大批学子及外国留学生，出版、发表大量学术著作和论文（含合著）。他一生中创建了中国最具影响力的土壤化学和农业环境学科，创建了中国水稻研究所。"吾令羲和弭节兮，望崦嵫而勿迫。"朱祖祥院士以只争朝夕的精神，整整花8年心血主编完成大型文献著作《中国农业百科全书·土壤卷》。该书于1997年初面世，而朱祖祥院士却于1996年11月不幸去世，令人扼腕叹息。《中国农业百科全书·土壤卷》成为朱祖祥院士留给世人最后的巨著。[2]他曾于1990年浙江农业大学80周年校庆时题词"为人师表求真求善求美

① 谢鲁渤：《陈子元传》，宁波出版社，2004。
② 《求真·求善·求美：纪念朱祖祥院士诞辰90周年》，科学出版社，2006。

贵在贡献,教书育人是德是智是体严于律己",这也是他一生执教做人的写照。他为祖国、为农业、为人民无私地献出了自己的一切,也见证了浙大农科人献身农业、服务人民的高尚志向和情怀。

五、结语

盛世华章,百年浙大农学院在这 100 年漫漫的历史长河中,以在马坡巷租赁简陋的民房办学为肇端,经迁至笕桥、迁至华家池、抗战西迁、抗战胜利后复员东归重建华家池校园,直至迎来新中国成立和现代化建设,风雨砥砺,岁月如歌。在这百年的漫长岁月里,浙大农学院栉风沐雨,辛勤耕耘,薪火相传,弦歌不辍,始终奋斗不息。农学院百年奋斗的历程,曲折而不凡,几经易名,几经分合组建,几经迁播,负笈转徙,历经各种磨难和考验,始终与民族命运共浮沉,和时代脉搏同起伏,为民族的振兴、社会的进步、国家农业科技和现代农业的发展做出了自己宝贵的贡献,同时也为国家担承着培养人才、创新科技、传承文化、服务社会的崇高使命。其辉煌的奋斗历程和业绩,可歌可泣可贺。

百年时间隧道里,百年风云际会、沧桑巨变的壮丽历史画卷,以及农学院先贤先辈们奋斗不已的历程重现。他们的崇高思想品德和音容笑貌,不能不令人感慨万千,在灵魂的深处受到强烈的震撼,并使人又一次得到思想的净化。它犹如一面光亮的镜子,映照出了在未来奋进中有待改进和加强的方面。

100 年来,在农学院任教、工作过的农业教育和农业科技的先贤和先辈们的贡献和业绩将永垂青史,他们将永远受到后人的景仰和缅怀。农学院历经几代人百年传承的爱国传统和求是、勤朴学风,是今天应予发扬光大的宝贵精神财富。百年院史,光耀千秋。

21 世纪的头 20 年,是我国发展的重要战略机遇期,也是浙江大学农学院争创国际一流农学院的关键时期。逢千年盛世,发百年之积蕴,建一流学科,育一流人才,出一流成果,再创新百年的辉煌。农学院在浙江大学争创世界一流大学的进程中,将一如既往,求是、勤朴、创新、奋进,坚韧不拔,开拓创新,做出自己新的贡献。

参考文献

[1] 陈锡臣.浙江农业大学校史（1910—1984）.

[2] 何泳生.浙江农业大学校志.杭州：浙江教育出版社,1992.

[3] 浙江农业大学校长办公室编.浙江农业大学学科介绍·教授名录.1992.

[4] 浙江农业大学党委办公室校长办公室编.浙江农业大学年鉴.1992—1998.

[5] 浙江大学校史编写组.浙江大学简史（第一、二卷）.杭州：浙江大学出版社,1996.

[6] 浙江大学校史读本.杭州：浙江大学出版社,2007.

[7] 国立浙江大学校友会印行.国立浙江大学（上）.1985.

[8] 浙江省科学技术志编纂委员会.浙江省科学技术志.北京：中华书局,1996.

[9] 浙江省农业志编纂委员会.浙江省农业志.北京：中华书局,2004.

[10] 张磊,陈锡臣.浙江农大八十年.杭州：浙江科学技术出版社,1991.

[11] 浙江大学校友总会,电教新闻中心.竺可桢诞辰百周年纪念文集.杭州：浙江大学出版社,1990.

[12] 贵州遵义地区地方志编纂委员会.浙江大学在遵义.杭州：浙江大学出版社,1990.

[13] 余鸿林,张磊.学生魂：于子三烈士殉难45周年纪念文集.杭州：杭州大学出版社,1993.

[14] 中共贵州省遵义地委党史工作委员会办.黔北风云：活跃在抗战大后方的浙大学生运动.杭州：浙江大学出版社,1987.

[15]《浙江省科协志》编辑室.浙江科学技术协会大事记（1949—1991年）.1996.

[16]《竺可桢》编辑组.竺可桢传.北京：科学出版社,1990.

[17] 沈宗瀚.克难苦学记.北京：科学出版社,1990.

[18] 郭文韬,曹隆恭.中国近代农业科技史.北京：中国农业科学技术出版社,1989.

[19] 叶永烈.浙江科学精英.杭州：浙江科学技术出版社,1987.

浙大精神在农科的传承和发展

[20] 科学家传记大词典编辑部.中国现代科学家传记:第一集.北京:科学出版社,1991.

[21] 科学家传记大词典编辑部.中国现代科学家传记:第二集.北京:科学出版社,1991.

[22] 金善宝.中国现代农学家传:第一卷.长沙:湖南科学技术出版社,1985.

[23] 金善宝.中国现代农学家传:第二卷.长沙:湖南科学技术出版社,1989.

[24] 中国科学技术协会.中国科学技术专家传略:农学编·园艺卷1.北京:中国科学技术出版社,1995.

[25] 中国科学技术协会.中国科学技术专家传略:农学编·园艺卷2.北京:中国农业出版社,1999.

[26] 中国科学技术协会.中国科学技术专家传略:农学编·植物保护卷1.北京:中国科学技术出版社,1992.

[27] 中国科学技术协会.中国科学技术专家传略:农学编·作物卷2.北京:中国农业出版社,1999.

[28] 中国科学技术协会.中国科学技术专家传略:农学编·综合卷2.北京:中国农业出版社,1999.

[29] 《中国农业全书》总编辑委员会.中国农业全书:浙江卷.北京:中国农业出版社,1997.

[30] 中国大百科全书农业卷编写组.中国大百科全书:农业卷.北京:中国大百科全书出版社,1990.

[31] 中国农业百科全书总编辑委员会农作物卷编辑委员会,中国农业百科全书编辑部.中国农业百科全书:农作物卷.北京:中国农业出版社,1991.

[32] 中国农业百科全书总编辑委员会蔬菜卷编辑委员会,中国农业百科全书编辑部.中国农业百科全书:蔬菜卷.北京:中国农业出版社,1990.

[33] 中国农业百科全书总编辑委员会果树卷编辑委员会,中国农业百科全书编辑部.中国农业百科全书:果树卷.北京:中国农业出版社,1993.

[34] 中国农业百科全书总编辑委员会植物病理学卷编辑委员会,中国农业百科全书编辑部.中国农业百科全书:植物病理学卷.北京:中国农业

出版社, 1996.

[35] 中国农业百科全书总编辑委员会昆虫卷编辑委员会，中国农业百科全书编辑部. 中国农业百科全书：昆虫卷. 北京：中国农业出版社, 1990.

[36] 中国农业百科全书总编辑委员会茶业卷编辑委员会，中国农业百科全书编辑部. 中国农业百科全书：茶业卷. 北京：中国农业出版社, 1988.

[37] 浙江农业大学科学研究年报（1981—1997 年）.

[38] 浙江大学农业与生物技术学院年报（1999—2009 年）.

[39] 浙江农大报（1993 年—1998 年 8 月）.

[40] 浙江大学报（1998 年 9 月—2010 年 6 月）.

浙大华家池校园历史文化巡礼
（解说词摘录）

同学们：

下午好！

首先，我和同事们热烈欢迎浙江大学求是学院云峰学园、农学院和浙江大学学生理想信念宣讲团的莘莘学子来到浙大校区中历史最悠久的华家池校区。今天，春雨绵绵，我们将举行一场别开生面的"相约星期五"活动，活动的主题是"领悟浙大精神，担当时代责任和历史使命"。我们在美丽的华家池校园，探寻浙大农科历史文化，揭开尘封的史册，走进历史的深处，寻觅先贤的足迹，聆听思想的声音。我们从教室走向田野，从当下回望历史，仰观宇宙之大，俯察品类之盛。古人云："后之视今，亦犹今之视昔。"[①] 让我们感悟浙大精神，响应时代号召，勇担时代责任和历史使命，做一名中国特色社会主义事业的合格建设者和可靠接班人。

第一站：浙江大学植物园

同学们，这里就是我国近代第一座植物园的旧址。它由植物分类学家、中国植物野外考察第一人钟观光先生于 1927 年在笕桥国立第三中山大学劳农学院（浙江大学农学院前身）所创建。1927 年，钟观光先生任

---

① 王羲之：《兰亭集序》，载周大璞、刘禹昌、王启兴：《古文观止注译》，湖北人民出版社，1984，第449页。

劳农学院副教授兼仪器标本部主任。他深入东西天目山、四明山、天台山、南北雁荡山及普陀岛等地采集 7000 多号植物标本和许多活植物。钟观光先生才深学博,办事热忱。经谭熙鸿院长同意,于经济困难中创办植物园,两年而成。该植物园辟地约 50 亩,搜集植物 2000 余种,开植物学教学研究风气之先。所谓植物园者,搜集、种植多种植物,以科学研究为主,并进行科学普及教育,一般按植物进化系统或植物生态特性分区种植,可进行国内外植物资源的研究和利用,植物的引种、驯化和培育,植物新品种的选育,植物学新成就的宣传,等等①。1934 年,浙大植物园随农学院由笕桥迁至华家池。现在的浙大植物园基本上保持 20 世纪 90 年代时的规模,面积约为 14 亩,划分为裸子植物、单子叶植物、双子叶植物、水生植物、阴生植物和 1～2 年生草本植物等 8 个区。引种栽培植物 165 科,1350 种,其中,木本 750 种,草本 600 种②。新中国成立后,复旦大学、华东师范大学、浙江省中医学院、浙江林学院等省内外高校师生常来植物园参观学习。1998 年四校合并,组建新的浙江大学,生命科学学院傅承新团队在植物园考察研究,连续发表了 13 个菝葜(俗名金刚刺)的新物种、新学名,系统地梳理了世界菝葜科植物的分类;蒋德安等其他教授均在此进行考察研究。③

植物园内有一座假山,假山上建有四角小亭,称为"观光亭",以纪念钟观光先生。入口处有一尊明代植物学家、药物学家李时珍的塑像。植物园正面对应的是诗情画意的"紫藤长廊",21 世纪的浙大学子在《南山南》诗文中常有咏叹,为浙大华家池校园文化景观之一。

钟观光先生深爱植物学。早在 1911 年,蔡元培担任临时教育总长,聘钟观光任教育部参事。每逢假日,蔡元培、钟观光、蒋维乔步行到北京西山采集植物标本,"观光挟参考书,元培佩采集筒、维乔携轻便压榨器"。1918 年,蔡元培任北京大学校长,聘钟观光为北大副教授,筹建生物系和标本馆。此时,钟观光已年近半百,他对蔡元培说:"愿行万里路,欲登千重山,采集有志,尽善完成君之托也,不负众望。"当时军阀

① 《辞海》,上海辞书出版社,1999,第 4829 页。
② 邹先定:《我心中的华家池——探寻浙江大学农科史与校园"乡愁"》,浙江大学出版社,2016,第 341 页。
③ 赵云鹏:《一位植物学人眼中的浙大植物园》,《中国国家地理》2017 年第 5 期,第 169 页。

混战，兵荒马乱。1919 年，钟观光遭土匪拦劫，土匪见其所挑箱中尽为柴草之物，大失所望，强行剥衣，以利锋相逼。钟观光从容应对，神色自若，匪徒只好掠抢其怀表、指南针及衣物，放他回归。①

为纪念钟观光先生在植物学研究上的贡献，中外植物学家用他的名字对新发现的植物进行命名，如菲律宾马尼拉科学院院长梅里尔（E. D. Merrill）命名的"钟君木"，华南植物研究所陈焕镛命名的"观光木"等。钟观光 1927 年在普陀所发现的鹅耳枥被当作文物加以保护。郭沫若为他写过碑帖，北京植物研究所设有"观光堂"②。

第二站：嫘祖塑像和"阡陌之舞"小径

这里有两处浙大华家池文化景观：嫘祖塑像和"阡陌之舞"小径。此两处是华家池最为幽深僻静之处。所谓"阡陌之舞"取意于陶渊明的《桃花源记》："复行数十步，豁然开朗。土地平旷，屋舍俨然，有良田美池桑竹之属。阡陌交通，鸡犬相闻。其中往来种作，男女衣着，悉如外人。黄发垂髫，并怡然自乐。"③古语南北为阡，东西为陌。阡陌指田地中间纵横交错的小路，也可泛指田野。"阡陌之舞"小径沿途分布着昔日浙大农科的历史建筑：嫘祖塑像、蚕桑馆、科学楼、农机工厂（曾为茶叶加工厂）、团结馆、和平馆、民主馆、土壤标本陈列馆、种子楼，直通东面的现代农业智能温室。它仿佛是一条时光隧道，无言地展示着农业由古老走向现代的历史进程。

古拙的嫘祖塑像艺术地表现着蚕神嫘祖形象。古代传说中的嫘祖是轩辕黄帝的元妃。她首创野蚕家养，制丝成衣，与黄帝一起教育民众理桑养蚕，男耕女织、农桑一体，开创华夏古代文明。司马迁撰《史记》称"嫘祖始蚕"。《史记·五帝本纪》记载："皇帝居轩辕之丘，而娶于西陵之女，是为嫘祖，嫘祖为黄帝正妃。"在我国传统文化中，她是百姓祭祀之神、中华女性辛勤劳作的典范。

嫘祖塑像北面是蚕桑馆。讲到蚕桑馆，人们就联想起"浙江蚕学

① 《中国现代科学家传记》第一集，科学出版社，1991，第 446-447 页。
② 《浙江大学农业与生物技术学院院史（1910—2010）》，浙江大学出版社，2010，第 9 页。
③ 《古文观止注译》，湖北人民出版社，1984，第 457 页。

馆"。众所周知，杭州知府林启（字迪臣）1897 年 2 月创立浙江大学之前身——求是书院，他自己兼任求是书院总办，由此开启浙江大学煌煌百廿年光荣历史。但中国近代农业教育发端于林启创建的浙江蚕学馆之说却少有提及。就在求是书院创建的 1897 年，林启同时提出"蚕业之盛衰，关系国计民生之大"，"在浙江振兴实业，应以蚕业为首要"的主张。经林启积极倡议，浙江巡抚廖寿丰批准，在杭州创办浙江蚕学馆，由林启自兼总办。这是全国首创的一所中等蚕桑专业学校，也是浙江近代专业教育的发端和中国近代农业教育之滥觞。[①]

在"阡陌之舞"这条浓缩浙大农科百余年历史的通幽曲径上，穿越时空，我们仿佛看到园艺泰斗吴耕民，也仿佛看到"余姚三阿木"成为"余姚农科三杰"（吴耕民、沈宗瀚、卢守耕）克难苦学[②]，终成中国现代农业的翘楚、大家的纪实。

我们仿佛看到 1913 年时沈宗瀚、卢守耕的老师，浙江省立甲种农业学校（浙大农学院前身）首任校长，林学家陈嵘风尘仆仆、励精图治的身影；看到浙大农学院教授、林学家梁希 1929 年撰文《西湖可以无森林乎》，"安得恒河沙数苍松翠柏林，种满龙井、虎跑，布满牛山、马岭，盖满上下三天竺，南北两高峰，使严冬经雪霜而不寒，盛夏金石流、火山焦而不热，可以大庇天下遨游人"之生态卓见；看到著名小麦专家金善宝 1934 年在浙大农学院著有我国第一本农业大学的小麦教科书《实用小麦论》；看到赵伯基在湘湖农场亲自驾驶拖拉机翻耕土地，开启我国应用拖拉机于农垦之先河；看到陆星垣先生冲破重重阻力，登上"戈登将军号"，劈波斩浪，从美国回到刚成立的新中国，一腔热血，为国效力；看到陈子元院士和他的同事们，白手起家，自力更生，创办我国高等农业院校第一所同位素实验室（后称核农所），以及陈子元院士从华家池到维也纳，成为国际原子能机构（IAEA）的科学顾问；看到陈鸿逵先生耄耋之龄在夫人的搀扶下，每天缓缓步行穿过紫藤长廊、桑园地，来到团结馆潜心科研著述的不倦身影；看到昆虫学家屈天祥教授猝死在工作的办

① 《浙江大学农业与生物技术学院院史（1910—2010）》，浙江大学出版社，2010，第 6 页。
② 《克难苦学记》为著名农业科学家沈宗瀚的自传体著作，详细记述了他克服困难，立志为祖国农业发展献身的事迹，其中包括他在浙江农学院之前身浙江省立甲种农业学校求学的经历。此书深受海峡两岸莘莘学子的欢迎，蜚声中外。其中有他在北京农业专门学校就读时"余姚三阿木"轶事趣闻的记载。

公室里；看到朱凤美教授倒伏在书桌前离世，笔尖上蘸着墨水，书稿未竟……这就是我们行走在仿佛穿越时空的"阡陌之舞"小径时，时时涌上心头的关于许许多多浙大农科人和事的历史记忆。

第三站：奔腾广场

不知不觉中，我们来到华家池校园的核心位置——奔腾广场。两匹昂首飞奔腾跃的宏伟花岗岩奔马石雕，坐北朝南，倚楼面水，气势恢宏。奔马石雕之北，为20世纪80年代初建造的中心大楼，最高7层。在中心大楼屋顶阳台，可俯视华家池全景，以奔马石雕、喷水池与国旗旗杆座为中轴线，20世纪50年代兴建的中式大屋顶红色建筑分列两侧，为东、西大楼，全景巍峨、秀丽，错落有致，令人心旷神怡。巨型花岗岩石雕作于1987年3月。该艺术巨作高4.5米，长5.7米，重20.5吨。两匹昂首奔腾之马，象征学校的教学、科研齐头并进。在奔马基座南面，"求是奋进"4个醒目大字为原浙江农业大学校训，秉承发扬浙江大学求是精神，系原农业部长何康亲笔题写。在基座背面，有苍劲有力的"奔腾"二字，是伟大的无产阶级革命家陈云同志于1987年4月10日专为浙江农业大学亲笔题写的。

同学们，伟大的中国工农红军长征胜利已81年了。人们普遍认为，最早向世界报道红军长征的是美国记者埃德加·斯诺的《红星照耀中国》（即《西行漫记》），其实早在此一年多前的1936年，就有署名"廉臣"所作的《随军西行见闻录》面世。"廉臣"假托被红军俘虏的国民党军医的口吻，详细叙述了1934年10月，中央红军由江西出发，历时8个月，途经6省，全程12000里的传奇经历。"廉臣"就是伟大的无产阶级革命家陈云同志。他亲历长征，是我党的卓越领导人，1934年，就已担任中央政治局委员。长征，是中国共产党人献给世界的壮丽史诗。从1934年10月至1936年10月，红军四路大军进行了伟大的长征。长征途中，红军进行了600余次战斗，跨越近百条江河，攀越40余座高山险峰，其中海拔4000米以上的雪山就有20余座，穿越被称为"死亡陷阱"的茫茫草地，用顽强的意志克服人类生存极限。在红一方面军二万五千里征途中，平均每300米就有一名红军将士牺牲。四路大军纵横14省，总计里程

6.5 万千米。长征历时之久、规模之大、行程之远、环境之险恶、战斗之频繁惨烈，在中国历史上绝无仅有，在世界战争史乃至人类文明史上也极为罕见。今天，我们驻足于陈云同志题词前，铭记长征历史，缅怀红军英雄。同样，在浙大华家池校园里，我们也不会忘记浙大的"文军长征"。自 1937 年 11 月 11 日浙大迁离杭州到 1940 年抵达贵州遵义，浙大师生历经四次大的迁徙，历时两年半，途经浙、赣、湘、粤、桂、黔六省，行程达 2600 多千米。浙大西迁被老一辈无产阶级革命家、全国人大常委会原委员长彭真同志誉为"文军长征"。浙大师生凭着爱国主义、抗战必胜、保存祖国文化、培养人才、拯救中华的坚强信念，西行，西行，再西行。途中且行且阻，虽颠沛流离，却义无反顾，矢志不渝。每经一地，虽篷窗茅舍，破壁残垣，却在竺可桢校长的率领下，因陋就简，正常上课，寒暑无间，风雨无阻。"间关千里，弦歌不绝。"浙大师生历经抗战西迁的淬炼和洗礼，高扬爱国主义旗帜，践行"应变以常，处困以亨，荡丑虏之积秽，扬大汉之天声，用缵邦命于无穷，其唯吾校诸君子是望乎？"[1]之浙大西迁精神。浙江大学在艰难的抗战岁月里，凤凰涅槃，浴火重生，创"东方剑桥"之奇迹，荣列亚洲第三，声名鹊起，受中外赞誉。今天，在浙大 120 周年校庆之际，我们同样深深地怀念浙大抗战西迁的先贤，铭记光荣的浙大西迁历史。仰望世纪风云和"两个一百年"奋斗目标，实现中华民族伟大复兴的中国梦，浙大莘莘学子会更真切地理解肩负的历史使命和时代责任。

第四站：华家池碑、和平岛

离开奔腾广场，信步来到浙大华家池历史文化巡礼的第四站：华家池碑及和平岛。

华家池碑立于 1996 年 12 月，"华家池"三字为已故著名书法家、浙大教授马世晓（毕业于浙江农业大学）所书。华家池校景碑文为著名农史学家、浙大资深教授游修龄先生所撰。碑文为："华家池之名，始于明初，有华姓者居此而得名。1934 年春，浙江大学农学院自笕桥迁此建院。

---

① 竺可桢：《国立浙江大学宜山学舍记》碑文。

1937 年夏，抗日战争全面爆发，农学院西迁贵州湄潭。1945 年，抗战胜利回迁，校舍全毁。1946 年始，于池周陆续兴建校舍。1978 年，于池周筑石坎，添景增绿。今水面计 84 亩，水深平均 2 米。校园环绕华家池，环境优美，风景宜人，诚学府中罕有。"全文言简意赅，钩沉浙大华家池历史风貌、时代变迁。

早春二月，垂柳拂波。此处是观赏华家池全景及感受华家池早春美景的最佳位置，故此文化景观被命名为"华池春晓"。

和平岛于 1954 年改建成岛，时值抗美援朝胜利，保卫和平成功，故称"和平岛"。岛与池岸曲桥相连，岛上有六角亭（春风亭）、蘑菇亭（涌翠亭）、小孩钓鱼石雕等景观。岛之东侧有一地标性建筑——水塔，为仿北宋苏东坡疏浚西湖所堆置三塔而建造，故有"小三潭印月"之谓。中秋之夜，在此可观赏到"月光映潭"之佳景。和平岛面积约 1 亩，岛北岸芦苇丛生，兼有茉莒种植。秋晨，在仙境般的薄雾缥缈中，紫燕掠池翔飞，让人情不自禁地联想到《诗经》的名句"蒹葭苍苍，白露为霜，所谓伊人，在水一方"，感受到清纯朦胧之美；也会情不自禁地吟诵起《诗经·茉莒》"采采茉莒，薄言采之。采采茉莒，薄言有之……"的诗句，感受古代妇女劳作的农耕文化之美。

抗美援朝期间，1952 年 2 月，浙大农学院昆虫学教授、蚤类专家柳支英，助教李平淑赴朝鲜参加反细菌战的防疫检测工作。当时，柳支英肺病尚未痊愈，却毫不犹豫地奔赴朝鲜前线，还受了伤。在反细菌战中，柳支英同数十位昆虫学家所做的关于毒虫种类的鉴定为国际调查委员会提供了证据。柳支英教授以自己精湛的科学研究能力为反击侵略者的细菌战做出贡献，受到彭德怀司令员的三次集体接见慰问，荣获卫生部颁发的"爱国卫生模范"奖章和奖状，并被授予朝鲜民主主义人民共和国"三级国旗勋章"[1]。六十多年过去了，今天，我们站在和平岛上，沐浴在和平阳光下，我联想起魏巍同志不朽的作品《谁是最可爱的人》，我想我们的柳支英教授和他的助教李平淑先生同志愿军战士一样，也是最可爱的人。64 年过去了，沧桑巨变，国情世情都发生了翻天覆地的变化，我们亲爱的祖国从来没有像今天这样接近于中华民族伟大复兴的目标，我

---

① 《浙江大学农业与生物技术学院院史（1910—2010）》，浙江大学出版社，2010，第 45、368 页。

们为浙大先贤前辈点赞！为祖国点赞！我们要不忘初心，继续前进！

第五站：于子三塑像

　　于子三塑像为一尊古铜色胸像，铜像高约 0.8 米。该塑像纪念碑为 1992 年于子三烈士殉难 45 周年之际，由原浙江农业大学敬立，并举行了隆重的纪念仪式。塑像面对学生宿舍，背靠翠云岭，松柏苍翠，庄严肃穆，每逢清明和烈士纪念日，少先队员和大学生来此祭奠缅怀革命先烈。

　　于子三烈士，1925 年 1 月 21 日生于山东省牟平县前七夼村（今烟台市莱山区文成社区）。1944 年 9 月考入浙江大学农学院农艺系，曾任浙江大学学生自治会主席，因组织反饥饿、反迫害的爱国主义运动，于 1947 年 10 月 29 日被国民党浙江保安司令部杀害。于子三事件在全国引起了强烈反响，唤醒了无数青年投身爱国革命运动，他的光辉事迹成为中国青年学生运动史上不朽的篇章。

　　2014 年 9 月 30 日，我国第一个烈士纪念日，浙江大学党委领导率 100 余名师生员工代表，在杭州凤凰山麓于子三烈士墓地举行公祭活动，祭奠为实现民族独立、国家富强、人民幸福而英勇献身的于子三烈士。于子三烈士是浙大求是精神的忠实践行者，他对真理的追求、对光明的向往，永远值得我们学习。2017 年为于子三烈士殉难 70 周年，今天，我们大学生更应该坚定理想信念，承担时代责任、历史使命，做中国特色社会主义事业的合格建设者和可靠接班人。

第六站：神农三馆

　　"神农三馆"是指神农、后稷、嫘祖三座馆舍。其中，后稷馆后改建为留学生楼。神农馆和嫘祖馆为民国时期建筑，均为二层砖混结构，屋顶四坡覆灰色机平瓦，灰色清水砖外墙，建筑面积均约 1400 平方米，于 1946 年建造。值得一提的是，1948 年 3 月，竺可桢校长在《农学院华家池校舍》照片上亲笔标注三馆之名称，故今我们称它们为"神农三馆"。

中国古代有神农教民耕作①，后稷教民稼穑，嫘祖教民育蚕的传说②。1945年，中国人民取得抗日战争伟大胜利。1946年5月，浙大总校踏上复员东归的返校之程。1946年9月，浙大包括农学院在内的师生员工全部返回杭州。于1945年9月3日先期返校的浙大龙泉分校总务主任陆子桐在给竺可桢校长的报告中写道："（九月）八日，赴华家池农学院，昔日的辉煌大厦、暖房，全遭拆毁，连钢管水泥底脚之建筑亦无余存，可见当时被毁之惨之重，……满目荒凉，不胜今昔之感。"③1945年10月18日，竺可桢校长飞返杭州，勘察文理学院和农学院校址。从1946年下半年开始，在华家池南面兴建"品"字形教学楼以及教职工宿舍、学生宿舍、膳厅等七幢，规划"四面楼群，一池碧水"之远景，1947年7月竣工。1947年7月21日，浙大校务会议决定将华家池农学院新建的教学楼命名为"神农馆""后稷馆""嫘祖馆"④，取其不忘以农为本之意，坚信中华民族绵延五千年之农耕文化绝非任何外力入侵所能摧毁，故三馆舍之名称含有深刻的农耕文明承先启后、绵绵不绝的精神寓意。学生宿舍则被命名为"华一斋""华二斋""华三斋""华四斋"（在校园东面），以秀美的华家池来命名排序。"西斋"，因处校园西面，故名，当时为农学院图书馆。农学院院长蔡邦华特为"神农馆""后稷馆""嫘祖馆"等建筑撰文立碑，以作纪念。1982年4月，在浙大当时的校庆期间，蔡邦华院士在时任浙江农业大学校长朱祖祥院士（当时称学部委员）的陪同下驱车环行华家池一圈，感慨万千。1982年4月1日，蔡邦华赋诗一首，题为《祝浙大校庆》。诗全文为："巍峨学府，东南之花。工农肇基，文理增嘉。师医法学，雍容一家。求是为训，桃李天下。东方剑桥，外宾所夸。

① 司马迁：《史记》第一册，中华书局，1982，第3页。
② 炎帝教民耕农，故号神农（班固）。《诗经》中《大雅·生民》记载了传说中后稷的故事。稼：种植，播种五谷；穑：收割。播种曰稼，收获曰穑，"稼穑"泛指农业劳动。
③ 邹先定：《我心中的华家池——探寻浙江大学农科与校园"乡愁"》，浙江大学出版社，2016，第236页。
④ 浙大校务会议决定将修复和新建的教学大楼及房舍群，冠以地方先贤和浙大西迁地名，以资纪念。如位于大学路校本部的大楼分别被命名为"阳明馆""梨洲馆""舜水馆""存中馆""叔和馆"等，以纪念王阳明、黄宗羲、朱之瑜、沈括、王叔和等先贤，意在争取自由、提倡科学。新建的教职工住宅群命名为"建德村""泰和村""芳野村""龙泉馆"，意在纪念西迁。参见浙江大学校史编写组：《浙江大学简史（第一、二卷）》，浙江大学出版社，1996，第116页。

民主堡垒，争取进化。美哉浙大，振兴中华。"①

在"神农三馆"处眺望华家池，"三面群楼一池水，五千桃李满园春"。1997年，浙江农业大学通过国家"211工程"部门预审和重点建设项目论证。1998年，"四校合并"组建新的浙江大学。在46年近半个世纪的沿革中断后，华家池又重新回到新浙江大学的大家庭怀抱。浙江大学农学类学科的总体水平长期稳居国内前列②，为浙江大学学科整体发展不可或缺的重要组成部分，为新世纪争创"双一流"发挥重要作用。习近平总书记在2014年5月4日北京大学师生座谈会讲话中指出："办好中国的世界一流大学，必须有中国特色。没有特色，跟在他人后面亦步亦趋，依样画葫芦，是不可能办成功的。这里可套用一句话，越是民族的越是世界的。世界上不会有第二个哈佛、牛津、斯坦福、麻省理工、剑桥，但会有第一个北大、清华、浙大、复旦、南大等中国著名学府。"③这为包括浙江大学在内的中国著名学府争创世界一流大学从根本上指明了方向。

同学们，我们站在"神农三馆"旧址处，即将结束今天的"浙大华家池校园历史文化巡礼"全程。逢千年盛世，发百廿年之积蕴，争创世界一流大学、一流学科，育一流人才，出一流成果，再创百廿年新的辉煌。让我们大家一起努力，在浙江大学争创世界一流大学的进程中，求是创新，继承和发扬"海纳江河、启真厚德、开物前民、树我邦国"的浙大精神以及"勤学、修德、明辨、笃实"的浙大共同价值观，勇敢地肩负起时代赋予的历史使命和责任担当。谢谢。

（2017年3月24日，在浙大华家池校区向浙大学生理想信念宣讲团、云峰学园、农学院学生骨干60余人介绍浙大华家池历史文化，引起学生强烈反响）

---

① 《蔡邦华院士诞辰110周年纪念文集》，浙江大学出版社，2012，第39页。
② 邹先定：《我心中的华家池——探寻浙江大学农科史与校园"乡愁"》，浙江大学出版社，2016，序。
③ 《习近平谈治国理政》，外文出版社，2014，第174页。

浙江大学农学院110年来的奋斗和辉煌

农学院新入学的研究生朋友们：

下午好！

今天我给大家讲讲农学院110年以来的历史。金秋将近，庆贺浙大农学院创建110周年，为了表达对母院的感激，我献给农学院两本书：一本是我退休后在农学院的演讲录和文稿选编，书名为《愿继续耕耘在这土地上——邹先定退休后演讲录和文稿选编》；另一本是我主编的文集《我心中的华家池——探寻浙江大学农科史与校园"乡愁"》第二卷。9月8日，我还特地提醒出版社，扉页的献辞"献给浙江大学农学院创建110周年"中的"110"要用红字。在我的心目中，这110年奋斗辉煌的历程，平凡中蕴含着伟大，真实地留下时代的步伐、民族的梦想，朴实无华却直抵人们的心灵和良知，也凝聚形成浙大农学院求是勤朴的特质，为浙大精神的重要组成部分。它配得上用红字庆贺，彪炳史册。自2004年我遵奉农学院之委托，开始主编浙大农学院院史以来，形成了四本关于浙大农学院、浙大农科的历史资料：《浙江大学农业与生物技术学院院史（1910—2006）》《浙江大学农业与生物技术学院院史（1910—2010）》（后者为名副其实的百年院史），以及《我心中的华家池——探寻浙江大学农科史与校园"乡愁"》第一卷、第二卷（为离退休老同志的忆述汇编）。当下我正着手主编《我心中的华家池——探寻浙江大学农科史与校园"乡愁"》第三卷；在以上4本200余万字的基础上，再留下几十万字的历史资料。这些都是集体劳动的成果，凝练了几代浙大农科人的理想信念和价值追求。

下面我想表达这么几层意思：一、浙大的历史方位和浙大农学院的沿革；二、浙大农学院的贡献；三、110年来浙大农学院师生的风采和魅力。它们均为自己学习农学院110年辉煌历史的粗浅体会，错误不当之处敬请指正。

一、浙大的历史方位和浙大农学院的沿革

（一）浙大的历史方位

今年是浙江大学创建123周年。我从时间轴线的不同时期看浙大的历史方位和业绩。

1. 初创时期。清光绪二十三年（1897年），杭州知府林启（字迪成）创立求是书院，由此开启浙江大学历史。123年前创立的求是书院，是中国人自己创办最早的四所新式学堂之一，其余三所为天津中西学堂（现天津大学，1895年）、南洋公学（现上海交通大学，1896年）、京师大学堂（现北京大学，1898年），按时序，浙江大学名列第三。

2. 时隔47年，国难当头的抗战时期。1944年，英国李约瑟考察中国许多大学后称浙江大学是中国最好的四所大学之一，又说中国的西南联大和浙江大学可以和西方的牛津、剑桥、哈佛大学媲美。众所周知，西南联大为北大、清华、南开等校抗战时组建而成。而浙大是单独一校，在竺可桢校长的带领下，独立西迁办学，凤凰涅槃，浴火重生，成为世界反法西斯东方主战场的一所名校，在中国现代教育史上留下浓墨重彩的一笔。李约瑟及夫人、助手考察了在湄潭的农学院并予以高度评价。1949年10月，李约瑟在《自然》周刊上发表题为《贵州和广西的科学》的文章，介绍他对浙大（包括农学院）的印象。

3. 经历70年，世情国情发生巨大变化，中国人民在中国共产党的领导下，历经从站起来富起来到强起来的伟大进程。2014年5月4日，习近平总书记在北大师生座谈会上指出：党中央做出了建设世界一流大学的战略决策。扎根中国大地办大学，"世界上不会有第二个哈佛、牛津、斯坦福、剑桥，但会有第一个北大、清华、浙大、复旦、南大等中

国著名学府"①，传递出党和国家对于浙大的评价和殷切期望。

党的十九大提出加快"双一流"建设的战略部署。浙江大学被列入"双一流"高校建设的方阵，"双一流"建设学科数名列第三，位居北大、清华之后。浙大18个"双一流"建设学科中，涉农学科7个，农学院"双一流"建设学科2个：园艺学和植物保护。

（二）浙大农学院的沿革

110年前的清宣统二年（1910年），浙江农业教员养成所成立，是我国最早引进西方现代农业的教育机构之一，后沿革为浙江中等农业学堂、浙江中等农业学校、浙江省立甲种农业学校、浙江公立农业专门学校（农专），直至1927年7月国立第三中山大学成立（浙江大学之前身）。当时浙江公立农业专门学校改组为国立第三中山大学劳农学院（后称浙江大学劳农学院、农学院），浙江省立工业专门学校改组为国立第三中山大学工学院。1928年，浙大成立文理学院，蔡邦华院士曾赋诗："巍巍学府，东南之花。工农肇基，文理增嘉。师医法学，雍容一家。"该诗就反映了这一历史事实。校歌中"有文有质，有农有工"，就突出地提到农科，足见农学院、农科历史之悠久和在浙大的影响力。

从1910年浙江农业教员养成所至1927年国立第三中山大学劳农学院，历时17年，可视为浙大农学院的前身。原址在马坡巷民房，后迁至横河桥南河下民房，1913年4月迁至笕桥新校舍，前后历时7年；②后因抗战笕桥建航校，1934年移至华家池。在笕桥办学时期，名师荟萃，有陈嵘、金善宝、吴耕民、许璇（许叔玑）、蒋芸生、卢守耕、钟观光、朱凤美、蔡邦华等。③

1927—1952年全国院系调整前，为浙江大学农学院时期，历时25年，其中历经1937—1946年艰苦卓绝的抗战西迁阶段。1949年10月1日，新中国成立，翻开浙大和农学院崭新的一页。

1952—1998年"四校合并"组建成新的浙江大学前，共46年。其中，1952—1960年为浙江农学院时段（历时8年）；1960—1998年为浙江

---

① 《习近平谈治国理政》，外文出版社，2014，第174页。
② 《浙江大学农业与生物技术学院院史（1910—2010）》，浙江大学出版社，2010，第10页。
③ 《浙江农大八十年》，浙江科学技术出版社，1991。

农业大学时段（历时 38 年）。1996 年 12 月，浙江农业大学通过国家"211工程"部门评审。已故的"时代楷模""感动中国"的"布衣院士"、华南农业大学校长卢永根当时担任专家组副组长。[①] 我有这个印象，他在浙江农业大学时的音容宛在。

1998 年"四校合并"，1999 年成立浙江大学农业与生物技术学院（简称农学院）。"四校合并"至今已 22 周年。

以上是浙大农学院沿革的主干线索。

二、浙大农学院的贡献

（一）新中国成立前

1. 五四运动和第一次国内革命战争时期（1919—1927 年）

1919 年 5 月 12 日，浙江省立甲种农业学校学生参加杭州中等以上学校举行的联合救国会，要求严惩卖国贼，拒绝在巴黎和会签字，抵制日货，同日举行示威游行，5 月 28 日发表宣言，5 月 29 日起罢课。浙江省立甲种农业学校积极投身九月的"一师风潮"斗争，并取得胜利。

在此期间参加党的革命斗争，英勇献身的陈敬森、邹子侃烈士均为共产党员、浙江公立农业专门学校的学生，陈敬森为浙江大学 15 位先烈中牺牲最早的革命烈士，邹子侃年纪最小，仅 20 岁。

2. 第二次国内革命战争时期（1928—1937 年）

（1）九一八事变

在杭州市举行的抗日救国集会上，浙大农学院师生手举醒目横幅，组织抗日救亡宣传队，示威游行，并赴南京请愿，要求抗日，施尔宜（施平）为请愿主席团成员之一。

（2）一二·九运动

浙江大学是南方最先响应一二·九运动的学校，农学院学生积极投身这一运动，施尔宜任校学生会主席，在浙江大学驱郭驱李的斗争中，同蒋介石面对面进行针锋相对的斗争。[②]

---

① 《浙江大学农业与生物技术学院院史（1910—2010）》，浙江大学出版社，2010，第 85 页。
② 同①，第 16 页。

3. 全面抗战时期（1937—1945 年）

艰苦卓绝的文军长征，西迁办学 9 年，凤凰涅槃，浴火重生，浙大农学院是其中一支劲旅。泰和的沙村示范垦殖场，吴耕民的果蔬研究，蔡邦华、唐觉的五倍子研究，陈鸿逵、杨新美的白木耳栽培，卢守耕、孙逢吉等的作物研究，祝汝佐、葛起新的病虫害研究，陈鸿逵的炭条恒温仪研发，"罗登义果"（今贵州刺梨）开发，刘淦芝的茶叶（今湄潭龙井、遵义红、湄潭翠芽等）研发等农业科研硕果累累，影响深远。

1937 年 12 月日寇南京大屠杀，浙大农学院的前身——浙江省立甲种农业学校校长陈嵘先生冒着生命危险，挺身而出，竭尽全力救助同胞。陈嵘先生早年留学日本北海道帝国大学，精通日语，后留学美国哈佛大学以及德国德累斯顿的撒克逊林学院，通晓英语和德语，同习近平总书记在纪念抗日战争胜利 75 周年座谈会上提到的国际友人拉贝等有良好的关系。陈嵘冒着生命危险同日方交涉，慷慨陈词，揭露日军暴行。他手持布告牌参加安全区巡逻，[1] 保护了金陵大学安全区 3 万多名难民和知识分子。

4. 解放战争时期（1946—1949 年）

浙江大学学生的爱国民主运动如火如荼，最突出的是于子三运动。于子三运动为《中国共产党历史》所记载。周恩来同志指出：于子三运动是继抗暴和五四运动之后又一次学运学潮。1946—1947 年三次规模空前的学生爱国运动，在国内形成第二条战线，有力地配合了人民解放战争，加速了国民党反动政权的彻底崩溃。于子三烈士是浙江农学院农艺系的学生，于子三的精神是一座非人工建造的纪念碑，于子三的成长轨迹就是渴望光明，追求真理，一心向往党，一生跟随党，听党的话，跟党走，为党和人民的崇高事业，为建立独立、民主、统一、富强的新中国，英勇奋斗直至献出宝贵生命的光辉历程。[2]1957 年，身处逆境的马寅初先生亲题："子三先生，我连续五次上凤凰山叩墓，为的是要学习先生的革命精神。"

---

① 《林学泰斗陈嵘先生》，铅印本，2017，第 5-7 页。

② 邹先定：《于子三精神，一座非人工建造的纪念碑》，载《托起明天的太阳》，浙江科学技术出版社，2019，第 176 页。

（二）新中国成立后

1. 抗美援朝。今年是抗美援朝中国人民志愿军出国作战 70 周年。抗美援朝战争的伟大胜利，为中国赢得了和平、尊严与建设发展的时空，形成了伟大的抗美援朝精神。浙大农学院柳支英教授、李平淑先生义无反顾参加抗美援朝反细菌战斗争。其英勇事迹可见农学院百年院史的介绍和《我心中的华家池——探寻浙江大学农科史与校园"乡愁"》第一卷相关文章。浙大农学院的柳支英教授和李平淑先生身体力行抗美援朝精神，体现了为完成祖国和人民赋予的使命、慷慨奉献自己一切的革命忠诚精神，以及为人类和平与正义事业奋斗的国际主义精神[①]，为我们做出了榜样，他们同志愿军战士一样，也是"最可爱的人"。

2. 1952 年院系大调整，浙大农学院林学系整建制地并入哈尔滨新组建的东北林学院（今东北林业大学）。1950 年暑期，浙大农学院林学系在浙西进行森林调查，自带干粮，翻山越岭，走遍浙西山山水水，为新中国浙江的林业发展做出贡献。1952 年，师生又奔赴雷州半岛和海南岛，为筹建橡胶园进行勘测设计，部分学生留在当地建设橡胶事业。同年8 月，林学系受浙江省林业厅委托，到浙江沿海考察海涂防护林，为国防建设做贡献。[②]

在 1952 年院系大调整中，畜牧兽医系、农业化学系、土壤肥料专业并入南京农学院，农产品加工与制造专业并入南京工学院，农业经济系并入北京农业大学，四学系的学生及部分老师随之调往有关学院或机构。[③]

3. 1960—1998 年为浙江农业大学时期。浙大农科经过几代人的辛勤劳动，具有悠久历史和优秀传统。浙江农业大学逐渐形成自己的办学特色和优势，特别是改革开放 20 年来，浙江农业大学发展迅速，已成为一所规模较大、学科门类较多、师资力量较强、教育质量和办学水平较高、在全国高等农业院校中居于前列、有一定国际影响力的综合性农业大学。1960 年 3 月，浙江省委决定将浙江农学院、天目林学院（今浙江农林大

---

① 参见《光明日报》2020 年 8 月 26 日第 5 版。
② 《浙江大学农业与生物技术学院院史（1910—2010）》，浙江大学出版社，2010，第 44-46 页。
③ 同②，第 46 页。

学）、舟山水产学院（今浙江海洋大学）、诸暨蚕桑学院合并成立浙江农业大学，同时与浙江省农业科学院实行教校院合并，统一领导，这可以说是浙江农业大学规模最大的时期（1962 年起逐步分开，1965 年起浙江农业大学、浙江省农业科学院分开建制）。

新中国成立，中国人民从站起来富起来到强起来的奋斗历程和艰苦探索中，浙大农科始终和党同心同德，奋战不息，创造浙江农业发展的辉煌业绩，培养了大批深受基层欢迎的农业技术人员和基层干部，在学科建设和科研成果上达到新的高度。据王兆骞教授撰文回忆，1983 年，在国务院副总理万里的领导下，召开了一次中美学者农业教育研讨会，历时 20 余天，形成中、英 2 个文本。在英文本中有学校的排名顺序，依次为浙江农大、华中农大、南京农大和北京农大。[①]

时过 30 多年，近年有报道：全球排名 50 名内的农业学术机构为中国科学院、中国农业大学、中国农业科学院、浙江大学。当然，这样的排名是动态的。当下中国的农业高等教育有两种模式：农科大学综合化与综合性大学办农科。这四所学术机构中，中国农业大学是农科大学综合化类型，浙江大学属综合性大学办农科类型。

在 20 世纪 80 年代，浙江农业大学由于深受浙江省领导厚爱难以割舍，失去一次成为农业部重点学校的机会，全校师生员工发奋努力，一定要将学校建设得更好，事实上浙江农业大学为农业部不是重点的重点。

机遇总是垂青有准备的人们。20 世纪 90 年代，国家开始启动"211工程"。浙江农业大学师生真是喜出望外，勠力同心，志在必得，绝不放弃这次机会，以求实现梦寐以求的夙愿，憋着一股子气，铆足了劲，顺利地以高分通过作为前提条件的校园精神文明建设评估，通过"211 工程"部门预审。专家组组长为石元春院士，副组长为潘云鹤院士、卢永根院士。任少波同志也参加了该次校园精神文明评估，我当时担任浙江农业大学校园精神文明建设领导小组组长，作校园精神文明建设情况的汇报。浙江农业大学即浙大农科在 1996 年顺利进入"211 工程"。1998年四校合并，一个水平更高、实力更强的农科重回浙江大学大家庭，共

---

① 《我心中的华家池——探寻浙江大学农科史与校园"乡愁"》第二卷，浙江大学出版社，2020，第 330—331 页。

创 21 世纪世界一流大学辉煌。①

1993 年，浙江大学杨士林老校长曾讲："看到浙江农业大学建设得这么好，也使我想到了早期在湄潭时的老浙大，浙江农业大学继承了老浙大的优良作风，而且更加发展，更加深化了。"② 王启东先生、张浚生书记也都表达过类似的评价。

4. 浙大是新中国农科招收培养外国留学生最多的学校之一，培养了欧美亚非 40 余个国家的留学生，从 20 世纪 50 年代起就培养苏联、波兰、越南等国的留学生。改革开放后，大批的非洲留学生来校学习，也有韩国、印度、巴基斯坦等亚洲国家的留学生。越南留学生阮攻藏回国后担任农业部部长、副总理等职（导师沈学年，王兆骞协助），埃塞俄比亚总统访华时特地安排到华家池参观访问。中非之间的交流合作中，浙江农业大学做出自己的贡献，援助乍得（章国胜等）、乌干达（陶岳荣等）、马达加斯加（冯家新等，并荣获总统骑士奖）、喀麦隆雅温得大学微生物实验室（徐同、闵航等教师分批援建，闵航等荣获总统骑士奖章）。在欧洲，陈子元援建阿尔巴尼亚农药残留分析实验室。③

5. 脱贫攻坚和干部培训。2020 年是脱贫攻坚收官之年，浙大农学院做出自己的贡献，培养了江家余、辜博原、徐梅生等老一辈优秀科技副县长。其中江家余被松阳县授予"人民好公仆"荣誉，1995 年被评为"浙江省十大新闻人物"，1996 年被评为浙江省优秀共产党员、浙江省劳动模范，获得五一劳动奖章。④

进入 21 世纪，涌现了汪自强、张放、汪炳良、骆耀平、陈再鸣、汤一、叶明儿等一大批优秀科技特派员，深受当地欢迎。他们有的获"荣誉市民"称号，有的受到联合国科技开发署表彰。汪自强深受宁夏、泰顺农民好评，教育部部长陈宝生亲自到浙大为他授予全国优秀教师称号。张放在全国介绍《我愿把情把爱洒向山乡》。⑤ 他们把论文写在农村广袤大地上，写进脱贫致富农民的心坎里，写在人类减贫事业的崇高事

---

① 《浙江大学农业与生物技术学院院史（1910—2010）》，浙江大学出版社，2010，第 85-87 页。
② 同①，第 41 页。
③ 《让核技术接地气——陈子元传》，中国科学技术出版社，2014，第 143 页。
④ 同①，第 73 页。
⑤ 同①，第 176 页。

业中。

1987 年，国务院贫困地区经济开发领导小组在浙江农业大学举办扶贫培训班，林乎加同志亲自作动员。作为主讲教师，我连同李百冠、徐立幼等老师赴云南贫困地区考察，面向全国贫困县主要领导做扶贫开发培训，还编写了培训教程。我讲述的专题是"人才与技术"，还获荣誉证书。

浙江农业大学干部培训学院还轮训全省的农业农村干部，获得社会的好评，有浙江的"黄埔军校"之谓，主要指大批毕业生在基层锻炼，被提拔为各地领导，另一层意思，全省各级农业干部到浙江农业大学培训，增长才干。

三、100 多年来浙大农学院师生的风采和魅力

《我心中的华家池——探寻浙江大学农科史与校园"乡愁"》第二卷增设一编：《星光灿烂华家池》。其中记载了革命先烈 3 位：陈敬森、邹子侃、于子三；农科先贤 8 位：林启（晚清蚕业教育家）、竺可桢、蒋梦麟、陈嵘、许璇、钟观光、吴觉农（当代茶圣）；一级教授 2 位：吴耕民、陈鸿逵；两院院士 21 位；共 31 位。还有一大批知名的农业科学家均在浙大农学院任教或求学。

他们和广大浙大农科师生高扬"求是创新"的浙大校训，体现"海纳江河，启真厚德，开物前民，树我邦国"的浙大精神，以及勤朴的特质，闪耀着奋斗者的风采和人格魅力，表现为渴望真理，追求光明，跟随党，为社会主义事业奋斗。许多著名科学家成为共产党员。

竺可桢是我国近代科学家，教育界的一面旗帜，气象学界、地理学界的一代宗师，献身共产主义事业的一名忠诚战士。1962 年，他以 72 岁高龄，光荣地加入了中国共产党。他在新旧社会比较中切身体验，终于找到了自己的归宿。《竺可桢传》标题四字为聂荣臻元帅亲笔题写。

吴耕民先生，园艺泰斗，1986 年以 91 岁高龄参加中国共产党，实现自己平生的夙愿。"唯有鞠躬尽我瘁，聊效献曝乐余岁"，吴老退休后的岁月是他一生著述最丰的时段。

陈鸿逵先生，一级教授，植物病理学奠基人，以 80 岁高龄参加中

国共产党。2007年浙大110周年校庆时，陈鸿逵先生108岁，这位在浙大奋斗了七十几个春秋、当时浙大唯一的一级教授，精神矍铄地坐着轮椅参加学校的庆祝晚会。

朱祖祥院士以80高龄在科学考察中因公殉职，根据朱先生生前意愿，中共浙江省委追认朱祖祥院士为中国共产党党员。

陈子元院士，在学生时代就向往进步，参与革命斗争工作，1956年，他是华家池第一位加入共产党的高级知识分子。

热爱党，热爱社会主义祖国，听党的话，跟党走，响应党和人民的召唤，献身农业，服务人民，已成为农学院师生共同的信念和方向。

1. 树我邦国的炽热情怀

在农学院笕桥时期，"中国植物野外采集第一人"钟观光先生跋山涉水，面对匪盗抢劫毫无惧色，坚持科学考察，终于创建中国近代第一座植物园。

浙大农学院师生从投身五四运动，英勇参加大革命和土地革命战争时期的英勇斗争，九一八事变奋起抗日，积极响应一二·九抗日救亡运动，抗战西迁教育救国，抗战胜利复兴东归，到解放战争时期于子三运动，伸开双臂迎接新中国成立，爱国情怀，一以贯之，矢志不渝。

著名蚕业教育科学家陆星垣乘"戈登将军号"劈波斩浪，归心似箭，参加新中国建设。

1949年某次政协会议上，周总理采纳梁希关于设林垦部的建议，并提名他为林垦部部长，梁希先生写了一张条子递给周总理："年近七十，才力不堪胜任，拟以回南京教书为宜。"周总理看后写了一句话："为人民服务，当仁不让。"他见回条后激动地写下："为人民服务，万死不辞。"梁希先生为新中国的林业事业倾注了全部心血。[1]农学院师生爱国爱社会主义、树我邦国的炽热情怀始终如一，历久弥坚，历久弥新。

2. 开物前民的价值追求

早在20世纪30年代，梁希就在其撰文《西湖可以无森林乎》中指出："安得恒河沙数苍松翠柏林，种满龙井、虎跑，布满牛山、马岭，盖满上下三天竺，南北两高峰，使严冬经霜雪而不寒，盛夏金石流、火山焦

---

[1] 《我心中的华家池——探寻浙江大学农科史与校园"乡愁"》第二卷，浙江大学出版社，2020，第18页。

而不热，可以大庇天下遨游人。"[1] 这是难能可贵的、超越时代的生态观与理念。陈嵘先生曾手书梁希部长名句："黄河流碧水，赤地变青山。"[2]

蕾切尔·卡逊的《寂静的春天》于 1962 年出版，陈子元 1963 年在华家池默默地开始农药残留的分析。

从金善宝编写的中国第一部小麦教科书《实用小麦论》到沈学年的第一部《耕作学》出版，从第一套茶叶专业教材到陈子元核农学的扛鼎之作，再到朱祖祥编写的《农业百科全书·土壤卷》、游修龄主编《中国农业百科全书·农业历史卷》，那么多的中国农业科研和教学的"第一"问世。每隔两年，就有一项世界先进或国内领先成就问世。

夏英武，曾任浙江农业大学校长，被誉为"赤脚"校长。他培育的"浙辐 802"播种面积达 2 亿多亩，为当时全球推行面积最大的诱变水稻品种，经济效益达 20 多亿元。他的团队获国际原子能机构（IAEA）、联合国粮农组织（FAO）授予的终身成就奖。

姚海根，1965 年毕业于农学系，从 1974 年起，46 载春秋，培育了105 个优质水稻品种。这些水稻品种推广面积 4 亿多亩，创水稻育种之奇迹。毛主席曾说："手中有粮，心里不慌。脚踏实地，喜气洋洋。"夏英武、姚海根为把中国人的饭碗牢牢掌握在自己手中做出了自己的贡献。

献身农业，服务人民。朱凤美临终前还在著述，笔尖流淌着墨水。屈天祥倒在办公室。朱祖祥因公殉职。

3. 启真厚德的勤朴本色

勤朴是启真厚德的本色和内质，勤可理解为勤劳、勤奋、勤勉、勤谨、勤苦、勤恳、勤俭，朴具有朴素、淳朴、朴实、诚朴、俭朴等含义。古有"抱朴守真"之精辟表述。它对于当下尚存的拜金主义、享乐主义、极端个人主义以及见利忘义、造假欺诈、不讲信用等道德失范现象来讲是一股正气清流。浙大农学院师生 110 年来始终保持勤朴的本色，我们试举往届毕业生校友的感言加以说明。

1936 届校友钱英男写道："老师以身作则的传教，使我们学会了扎实的基本功，而朴实诚勤的高尚品德，更使我们终身受用。毕业生投身社会后获得社会交口赞誉，夸奖浙大农科子弟既懂理论，又会实干，且

---

① 《浙江大学农业与生物技术学院院史（1910—2010）》，浙江大学出版社，2010，第 18 页。
② 《石龙村志》，群众出版社，2010，第 179 页。

有不畏艰苦、不争待遇的好品德。"①

1948届校友伍龙章写道:"在自己人生历程中有三种精神支柱。第一,母校的"求是"校风、务实精神、奋发学习、严格考试,使我对工作总是兢兢业业,不敢有丝毫苟且,这是母校的校风教风学风赋予我最宝贵的精神财富。第二,老师以身作则,言传身教,严格要求,作为我一生工作做人的典范、楷模。第三,同时代的同学们刻苦学习、钻研精神、艰苦朴素、热爱祖国、追求真理、向往革命、不怕牺牲的精神,是我学习和生活的准则。"②

1950年考入浙大农学院的胡萃教授,在2010年深情地回顾写下《我在浙江大学农学院学到了什么》的文章:"第一,爱国家,爱正义,为四年本科学习期间最为重要的一课;第二,爱民主,爱自由;第三,如何学习,积累学问;第四,如何工作,事业有成。丁振麟校长真正做到了鞠躬尽瘁,死而后已!希望我院优良传统继续弘扬,使之代代相传,永垂不朽。"③

胡萃先生当年指导的博士生们写道:"胡老师长期以来以'爱国敬业乐群惜时'为座右铭,他时时处处照此身体力行……胡老师不愧是我们的榜样。过去,我们在他的带领和帮助下成长;今后,我们仍将一如既往,不断努力创新,奋勇前进,为中华民族的腾飞贡献一切!"④这些博士生就是俞晓平、叶恭银、张传溪、叶兴乾教授。他们也许是在座研究生的导师或导师的导师。

同学们,我们看到一脉相承的精神血脉。求是精神的勤朴本色是我们宝贵的基因和财富。

4.海纳江河的博大胸怀

海纳江河,是浙大精神的重要内涵,不惧狂风暴雨,不弃涓涓细流。110年来,浙大农学院历经各种磨难和考验,始终与民族共浮沉,和时代同脉搏、同起伏。在抗日战争的烽火岁月里,"应变以常,处困以

---

① 《浙江农大八十年》,浙江科学技术出版社,1991,第128页。
② 同①,第180页。
③ 《我心中的华家池——探寻浙江大学农科史与校园"乡愁"》第一卷,浙江大学出版社,2016,第268页。
④ 《我心中的华家池——探寻浙江大学农科史与校园"乡愁"》第二卷,浙江大学出版社,2020,第257页。

亨，荡丑虏之积秽，扬大汉之天声"，教育抗战，文化抗战，写下浙大抗战西迁浓墨重彩的篇章。新中国成立后，华家池友好地接待日本和平人士西园寺公一先生，发展中日两国人民的民间友谊。

70 年前，抗美援朝保卫祖国轰轰烈烈展开。农学院在祖国一声召唤后，立即义无反顾，克服困难，投身抗美援朝反细菌战斗争，并做出贡献。1972 年美国总统尼克松访华时赠送的珍贵树种美国红杉遇到生理和病理方面问题，是陈鸿逵教授等科技人员查清了原因，使红杉树在西子湖畔茁壮生长。110 年来，特别是新中国成立后的改革开放时期，浙大农学院培养了大批外国留学生，这些学生主要来自发展中国家，尤其是非洲国家留学生，农学院的教授也走向世界，援助非洲农业；同时与国外广泛开展农业科技和教育的学术交流，得到联合国粮农组织（FAO）、国际原子能机构（IAEA）等国际组织的好评。

同学们，2019 年 9 月 5 日习近平总书记给全国涉农高校书记、校长和专家代表回信，寄语涉农高校广大师生，以立德树人为根本，以强农兴农为己任，并指出："新时代，农村是充满希望的田野，是干事创业的广阔舞台，我国高等农林教育大有可为。"① 习近平总书记的重要回信，饱含对新时代高等农林教育勇担历史重任的殷切期待，为新时代高等农林教育改革和发展提出新的战略指引，为农林高校在新时代进一步强化人才培养、科技创新和社会服务提出了根本遵循。今天，我们回顾 110 年来的奋斗历程，就是为了更好地学农爱农强农兴农，为国奉献，为把中国农业建设成强国农业，实现中华民族伟大复兴而努力！

谢谢同学们。

（2020 年 9 月 12 日于浙大紫金港校区农学院报告厅演讲）

---

① 习近平：《以立德树人为根本　以强农兴农为己任》，《光明日报》2019 年 9 月 7 日第 1 版。

浙大精神的时代光芒

浙大求是学院、农业与生物技术学院、动物科学学院的同学们:

下午好!

今天,我宣讲的题目是《浙大精神的时代光芒》。

2020 年是中国人民伟大的抗日战争暨世界反法西斯战争胜利 75 周年、浙江大学抗战西迁抵达遵义 80 周年、竺可桢校长诞辰 130 周年。因此,在庆祝浙江大学创建 123 周年之际,回顾历经艰苦卓绝的磨炼、升华、凝练而成的浙大精神,是有意义的,也是必要的。我主要汇报两个方面的个人体会:第一,浙大精神的形成和发展;第二,浙大精神的时代光芒。不当之处请批评指正。

一、浙大精神的形成和发展

浙大精神从 123 年前求是书院冠名"求是"起航,经百廿余年发展,不断地与时俱进,形成今天大家熟知的表述:"求是创新"为校训,"海纳百川,启真厚德,开物前民,树我邦国"为浙大精神,"勤学、修德、明辨、笃实"为浙大共同价值观。

1. 形成过程

清光绪二十三年(1897 年),杭州知府林启(字迪臣)创立求是书院。书院冠名"求是",出于《汉书·河间献王传》中"修学好古,实事求是"一语,意在"务求实学,存是去非",培养"切于时用"之人才。林启的办学主张"居今日而图治,以培养人才为第一义;居今日而育才,以讲求实学为第一义"。123 年前创立的求是书院是中国人自己创办的最早的四所新式学堂之一，其余三所为天津中西学堂（现天津大学，1895 年创办）、南洋公学（现上海交通大学，1896 年创办）、京师大学堂（现北京大学，1898 年创办），按时序，浙江大学名列第三。^①后人缅怀林启的兴学之功，在他墓上留有一名联："树谷一年，树木十年，树人百年，两浙无两；处士千古，少府千古，太守千古，孤山不孤。"^②求是书院的创办在中国近代教育史上占有重要的地位，也是浙江近代高等教育之发端。

历史曲折地延伸发展，求是书院沿革为求是大学堂、浙江大学堂、浙江高等学堂、浙江高等学校等。1927 年国立第三中山大学（浙江大学前身）成立，1928 年改称国立浙江大学。

1937 年卢沟桥事变，全面抗战爆发。之前一年（1936 年），竺可桢出任浙江大学校长。1937 年 11 月 11 日在日寇步步逼近威胁杭州之时，浙大师生分三批迁徙至距杭州 120 千米的建德，在竺可桢校长的带领下开始了艰苦卓绝的文军长征，"初徙建德，再迁泰和，三徙宜山，而留贵州最久"^③。"丁丑之秋，倭大入寇，北自冀察，南抵南粤，十余省之地，三年之间，莫不被其毒。唯吾将士暴露于野者气益勇，民庶流离于道者志益坚。其学校师生义不污贼，则走西南数千里外，边徼之地，讲诵不辍。上下兢兢，以必胜自矢矣。"^④上述两段文字均出自竺可桢先生，前者为他人拟稿，经竺可桢亲阅审定后署名，后者为竺可桢亲撰。这些文字精练，将教育抗战、文化抗战，以及浙大师生壮怀激烈、不屈不挠、抗战必胜的爱国情怀和昂扬斗志表达得淋漓尽致，字里行间跳跃着炽热的爱国情、民族魂，以及浙大师生在国家危亡之际的所忧所虑、所想所为。透过有限的文字，我们看到崇高的思想、高尚的情操和伟大的灵魂，这就是浙大精神。它以文字进行表达又不囿于字面之含义；它来自现实又超越现实，升华为一种认识、改造世界的精神财富和价值引领，成为鼓舞为崇高事业奋斗的力量源泉。

1937 年 12 月 24 日，杭州沦陷，当日浙大再次被迫西迁，由此开始

① 《浙江大学在遵义》，浙江大学出版社，1990，第 10 页。
② 《从一八九七走来》，中国大百科全书出版社，2017，第 8 页。
③ 《浙江大学农业与生物技术学院院史（1910—2010）》，浙江大学出版社，2010，第 24 页。
④ 同③，第 22-23 页。

边走边习教、西行再西行的悲壮历程。"噫，此岂非公私义利之辨，夷夏内外之防，载在圣贤之籍，讲于师儒之口，而入于人人之心者，涵煦深厚，一遇事变，遂大作于外欤？"浙大在西迁中浴火重生，凤凰涅槃，在广西宜山已发展壮大至"五院之师生千有余人"，"应变以常，处困以亨，荡丑虏之积秽，扬大汉之天声，用缵邦命于无穷，其唯吾校诸君子是望乎"。①

在宜山，1938年11月19日校务会议上，竺可桢校长亲定"求是"校训，并决定请国学大师马一浮先生为《浙江大学校歌》作词。马一浮先生作的校歌词为文言文，引用较多古典，比较拗口，竺校长曾考虑改写，但其含义深邃，能全面准确地表达浙大的求是精神。原请丰子恺先生谱曲，丰子恺先生觉文理艰深、佶屈聱牙而未谱。最后请著名作曲家、国立中央音乐学院应尚能教授谱曲。②自此之后，浙大师生将朗朗上口的《浙江大学校歌》铭记于心，传唱80多年，历经几代，唱出全球60多万浙大儿女的精神追求。

浙大校歌词全文不到150字，分为3章。首章阐明国立浙江大学之精神；次章也是主章，阐述国立浙江大学精神，诠释"求是"两字之真谛；末章表达浙江大学当时的地位及其使命。我曾多次在《浙大精神永放光芒》的演讲中介绍过我个人理解的歌词含义，今天不再重复了。校歌词是浙大精神的重要文本之一，今天凝练的浙大精神汲取了其思想精华并借鉴了其表达方式。我还认为竺可桢校长的《宜山学舍记》和《遵义校舍记》两篇文献，不仅真实概述了浙大西迁历史，浸润了"求是"精神，也是我们理解"浙大精神"的重要历史文献。在求是校训确立之前后，竺可桢校长曾有三次重要演讲，集中阐释"求是精神"，对于我们今天深入理解"浙大精神"大有裨益。

第一次是1938年11月11日，宜山。

竺校长作《王阳明先生与大学生的典型》之演讲，竺可桢先生十分推崇王阳明，他在演讲中指出：浙大三迁而入广西，"正是蹑着先生的遗踪③而来；这并不是偶然的事，我们正不应随便放过，而宜景慕体念，接

---

① 《浙江大学农业与生物技术学院院史（1910—2010）》，浙江大学出版社，2010，第23页。
② 参见《浙江大学简史（第一、二卷）》，浙江大学出版社，1996，第69页。
③ 指王阳明贬谪流放之踪迹。

受他那艰危中立身报国的伟大精神。"① 在这篇演讲中，竺可桢从做学问、内省力行的功夫、艰苦卓绝的精神、精忠报国的精神等四个方面，论述王阳明精神。他特意提到王阳明的名篇《瘗旅文》，以古代先贤王阳明为典范，旨在从中吸取营养，经过实践的锻炼，造就国难中大学生应具有的高尚品质和意志毅力。他指出："大学教育的目标，决不仅是造就多少专家如工程师、医生之类，而尤在乎养成公忠坚毅、能担大任、主持风尚、转移国运的领导人才。"②

第二次是《求是精神与牺牲精神》，1939 年 2 月 4 日，宜山。

竺可桢在这次对一年级新生作的演讲中说："浙大从求是书院时代起到现在，可以说已经有了四十三年的历史，到如今'求是'已定为我们的校训。……所谓"求是"，不仅限为埋头读书或是在实验室做实验。求是的路径，《中庸》说得最好，就是'博学之，审问之，慎思之，明辨之，笃行之'。"③ 这是一段十分精辟的论述，当时正是日寇步步紧逼、国无宁日的关键时刻。次日日寇以浙大为目标，18 架敌机在标营狂轰滥炸。时隔 75 年后，习近平总书记在北大师生座谈会上也同样指出："要笃实，扎扎实实干事，踏踏实实做人。……《礼记》中说：'博学之，审问之，慎思之，明辨之，笃行之。'"④ 这强调了自觉践行社会主义核心价值观。今天，时代完全不同了，但追求真理的道理是一样的，读后令人倍感亲切。在 1939 年 2 月 4 日宜山演讲中，竺可桢指出："国家给你们的使命，就是希望你们每个人学成以后将来能为社会服务，做各界的领袖分子，使我国家能建设起来，成为世界第一等强国，日本或旁的国家再也不敢侵略我们。"⑤ 他还引证德国哲学家费希特的话勉励学生，号召浙大师生："诸位，现在我们若要拯救我们的中国，亦唯有靠我们自己的力量，培养我们的力量来拯救我们的祖国，这才是诸位到浙大来的共同使命。"⑥ 他指出："求是"就是实事求是，就是探求真理，"求是"精神就是奋斗精神、牺牲精神、革命精神、科学精神。在当时的条件下，竺可

---

① 国立浙江大学校友会：《国立浙江大学（上）》，1985，第 138 页。
② 同①，第 145 页。
③ 《浙江大学简史（第一、二卷）》，浙江大学出版社，1996，第 68 页。
④ 《习近平谈治国理政》，外文出版社，2014，第 173-174 页。
⑤ 《浙江大学报》2013 年 11 月 15 日第 4 版。
⑥ 同①，第 151 页。

桢不可能获知后来 1941 年 5 月 19 日毛主席在《改造我们的学习》这篇著作中关于实事求是的精辟论述。毛主席指出："'实事'就是客观存在着的一切事物，'是'就是客观事物的内部联系，即规律性，'求'就是我们去研究。"① 作为一名科学家、教育家和一校之长，亲定求是校训，力倡求是精神，是极难能可贵的。

第三次是《科学之方法与精神》之专论，1941 年 5 月 9 日，遵义。

这是竺可桢在浙大训导处和自然科学遵义分社合办的科学近况系列讲演中首场《近代科学的精神》报告，后在《思想与时代》创刊号发表时改名为《科学之方法与精神》。竺可桢指出："据吾人的理解，科学家应取的态度应该是：①不盲从，不附和，一以理智为依归。如遇横逆之境遇，则不屈不挠，不畏强暴，只问是非，不计利害。②虚怀若谷，不武断，不蛮横。③实事求是，不作无病呻吟，严谨整饬，毫不苟且。"② 竺可桢先生还有其他关于"求是"精神的阐述，譬如 1936 年竺可桢对新生发表的关于"到浙大来干什么？"的著名演讲。它被称为"竺可桢之问"，八十余年来已成为浙大学子永恒的人生坐标。但"求是精神"最为集中的阐述还是在上面所介绍的三篇文献中。求是精神贯穿于竺可桢教育实践的全过程，限于篇幅在此就不展开了。

1979 年 4 月 23 日，钱三强同志兼任浙江大学校长时发表就职演说《创新是我们的责任》，提出"要继承和发扬'求是'精神，培养和鼓励'创新'精神"②。

1988—1995 年，路甬祥院士担任浙江大学校长。1992 年，路甬祥指出："创新（即创造）精神，严格地说，它已完全在求是精神中……但人们往往把求是理解为求实，侧重于对现有知识的理解和运用，对现状的客观分析和把握，而不特别强调创造与创新。创新，正是历史上许多杰出科学家和杰出人士的共同特点。"② 他强调浙大必须十分重视创新精神。

"求是创新"为新时期浙江大学校训，是对"求是"的继承与发展，赋予浙大校训更加清晰、丰富的内涵与时代特色。

2017 年，在浙江大学 120 周年校庆之际，形成了浙大精神的完整架构："求是创新"为校训；"海纳江河，启真厚德，开物前民，树我邦国"

---

① 《毛泽东选集》第三卷，人民出版社，1991，第 801 页。
② 《浙江大学报》2013 年 11 月 15 日第 4 版。

为浙大精神，"勤学、修德，明辨、笃实"为浙大共同价值观。

浙大精神同新时代以爱国主义为核心的民族精神、以改革创新为核心的时代精神高度契合，同社会主义核心价值观完全一致。"求是创新"之浙大校训和精神，是浙大的旗帜，是百廿余年浙大发展壮大的精神支柱和价值追求。

2. 竺可桢的风范和贡献

竺可桢校长亲定"求是"校训，亲自撰文或演讲阐发求是精神，更是处处以身作则，率先垂范，是践行求是精神的典范。

竺可桢是浙大抗战西迁自始至终的主要决策者、领导者和践行者，整个西迁途中，他殚精竭虑，夙夜在公。在泰和，竺可桢痛失相濡以沫18年的爱妻和钟爱的次子，但他强忍精神上的沉重创痛，力疾从公，坚持工作。从1937年冬浙大被迫西迁至1946年秋复员东归，前后9年，竺可桢以科学缜密的智慧、惊人的意志和毅力，克服一个又一个难以想象的困难，带领浙大师生抗战救国，独树一帜，创东方战时大学之辉煌。当时，浙大声名鹊起，名列亚洲第三，饮誉海内外，书写了世界反法西斯战争东方战线上一所独立的综合性大学浓墨重彩的成功办学之篇章。下面我们仅举两例来表达对竺可桢校长的求是风范的仰视之情。

（1）严格要求学生，立德树人，为国培育英才。在1938年从江西泰和迁徙广西宜山的过程中，19名浙大学生负责水路押运图书和仪器，因遭遇敌扰，慌乱失措，弃船而散。事后在11月14日宜山举行的一次集会上，竺可桢严厉批评这些学生："事先已知三水紧急而贸然前往，是为不智；临危急各自鸟兽散，是为不勇；眼见同学落水而不视其至安全地点而各自分跑，无恻隐之心，是为不仁……你们得常自省问，若是再逢这种机会，是否见危授命，能不逃避而身当其冲？"竺可桢言行一致，没有私心，一心为公，碰到困难都尽力克服。这番语重心长的批评，在他看来，这是事关重大原则问题，不能就事论事，所以严厉批评，学生心服口服。①

（2）1941年在遵义举行的一次毕业典礼上，全体毕业生为表达对竺可桢校长的敬意，送给他贴有每个毕业生照片的相册和一支手杖。竺可

---

① 参见《浙江大学简史（第一、二卷）》，浙江大学出版社，1996，第56–57页。

桢即席以前人咏手杖联，赋予新的含义作为答谢词，以明心志。这副对联是："危而不持，颠而不扶，则将焉用彼相矣；用之则行，舍之则藏，唯我与尔有是乎。"意为：国有危难，你不能相扶持，那么要你何用？需要我的时候，就挺身而出，功成则退，并不计较利禄，我与你手杖是一样的！这生动形象地体现了竺可桢先生的风范和操守。①

少年竺可桢 11 岁时用"苦、甜"两字造句。句子为："丧权辱国是苦，国家富强是甜。"竺可桢曾留学美国，先学农科，为的是农业立国，后来学习与农业密切相关的气象学。他不仅是气象学、地理学的一代宗师，也是一位关心农业发展的著名科学家，著有《物候学》《关于我国气候若干特点与粮食生产关系》等论著。在浙大抗战西迁时期，他呕心沥血研究，于 1944 年发表《二十八宿起源之时代与地点》。1972 年，竺可桢以 82 岁高龄发表长期潜心研究气候变化之作《中国近五千年来气候变迁之初步研究》，深受国内外学术界推崇，当时被美国、苏联、日本各国书刊竞相引用，并被译为英语、德语、法语、日语、阿拉伯语和世界语等语种。

1962 年，竺可桢以 72 岁的高龄参加中国共产党，实现他一生之夙愿，从科学家成长为一名共产主义战士。路甬祥院士高度评价竺可桢，指出：竺可桢校长是我国近代科学家、教育家的一面旗帜，气象学界、地理学界的一代宗师，献身共产主义事业的一名忠诚战士。他一生奋斗，一生求实，一生为国、为人民服务，堪称"品格和学问的伟人"。②

二、浙大精神的时代光芒

浙大从 123 年前走来，横跨三个世纪，从大学路蒲场巷求是书院走到紫金港及浙大其他校区，从一个规模较小的地方学校走到今天中国的一流大学、饮誉世界的著名高校，百廿余年来培养了 200 多名院士、1 名诺贝尔奖获得者、5 名功勋科学家、4 名国家最高科技奖获得者、10 位肖像上纪念邮票的科学家，14 位荣获国际小行星命名的科学家，一批荣

---

① 参见《浙江大学简史（第一、二卷）》，浙江大学出版社，1996，第 153 页。
② 路甬祥：《学习竺校长的爱国精神、科学态度和崇高的信念》，载《竺可桢诞辰百周年纪念文集》，浙江大学出版社，1990，第 3 页。

获"人民科学家""人民教育家""八一勋章""全军挂像英模""最美奋斗者"等崇高荣誉获得者，以及难以计数的各条战线的英雄模范，人才辈出，群星璀璨，标志着百廿余年来浙江大学的贡献和水平，遍布海内外的60多万浙大校友凝聚成中华民族伟大复兴的蓬勃力量。

浙江大学具有宝贵的红色基因和光荣的革命传统。《共产党宣言》的首译者陈望道曾就读于浙江大学（原之江大学）。被誉为中共中央"第一支笔"的胡乔木1933—1935年就读于浙大外国语文学系。国家主席习近平在2019年新年贺词中提到的全军挂像英模林俊德，中国核科学奠基人和开拓者之一的王淦昌，荣获首批"八一勋章"的"核司令"程开甲，以及在新中国成立70周年之际获"人民科学家"国家荣誉的叶培建、吴文俊都是浙大校友。

在民族复兴的伟大斗争中，浙大牺牲了15位革命先烈。其中，在校时牺牲的有费巩、陈敬森、邹子侃、于子三、何友谅5位革命烈士，于子三、陈敬森、邹子侃为农科学生。为革命斗争光荣牺牲的还有林白水、林文和、林尹明（求是书院学生）、许寿裳、马宗汉、邵飘萍、赵仲兰、陈仪、郁达夫、韦廷光10位校友。[1]

同学们，他们是浙大的光荣和骄傲！他们以自己的生命和革命斗争实践诠释了浙大精神，是浙大后学的榜样！

1.穿越不同历史时期的浙大精神

首先，我们可以从不同的时间轴线上看浙大的历史方位和业绩。

初创时期，前已介绍浙大为我国四所最早由中国人自办的新式学堂之一，按时序，浙大位列第三。[2]

时隔47年，抗战时期，1944年英国李约瑟教授在考察了中国许多大学后，说浙江大学是中国最好的四所大学之一，[3] 又说中国的西南联大和浙江大学可以和西方的牛津、剑桥、哈佛大学媲美。[4]

再过70年，2014年5月4日，习近平总书记在北大师生座谈会上指出：扎根中国大地办学，建设世界一流大学，"会有第一个北大、清

---

① 杨达寿：《星星颂》，中国诗联书画出版社，2017，第297页。
② 《浙江大学在遵义》，浙江大学出版社，1990，第10页。
③ 《竺可桢传》，科学出版社，1990，第84页。
④ 《竺可桢日记（Ⅱ）》，人民出版社，1984，第807页。

华、浙大、复旦、南大等中国著名学府"①。同时也传递出党和国家对浙大的殷切期望。

百廿余年来，在浙大精神指引下，浙江大学始终走在中国高校第一方阵的前列，自觉承担着历史使命和时代责任。

我们再来看看浙大西迁"求是"校训确立以来各个时期涌现的杰出校友。

（1）抗战时期

王淦昌，中国核科学的奠基人和开拓者之一，参加两弹研制，"两弹一星"功勋科学家。2003年国际小行星命名为"王淦昌星"，入选中国现代科学家纪念邮票。浙大抗战西迁时，他担任物理系教授、系主任。王淦昌早在湄潭就提出关于探测中微子的建议；在苏联杜布纳原子能科学研究所发现反西格马负超子；在我国原子弹和氢弹研制与实验中做出重要贡献；从事惯性约束核聚变研究。他在湄潭简陋的实验条件下，从事宇宙射线新实验方法、γ射线的化学效应、磷光体的实验等多项研究。②

程开甲，理论物理学家。1941年毕业于抗战西迁时期的浙大物理系并留校任教。"两弹一星"功勋科学家，2017年荣获首批"八一勋章"，被誉为"核司令"。

还有投身于一二·九运动，同反动派针锋相对、做不屈不挠斗争的施平（施尔宜）和滕维藻等学生。施平在新中国成立后担任北京农业大学（现中国农业大学）、华东师范大学党委书记，上海市人大常委会副主任等职，是共和国的老一辈教育家。滕维藻后成为新中国著名经济学家、教育家，曾担任南开大学校长。

（2）解放战争时期

于子三，革命烈士。周总理指出：于子三运动是继抗暴和五月运动之后又一次学生爱国运动。这三次规模空前的学运，在国内形成第二条战线，有力地配合了人民解放战争，加速了国民党反动政权的彻底崩溃。于子三烈士短暂的一生，是一个爱国青年在党的培养下成为革命战士的一生，是渴望光明、追求真理，向往党、追随党，为建设独立、民主、统一、富强的新中国英勇奋斗直至献出宝贵生命的光辉历程。著名经济

---

① 《习近平谈治国理政》，外文出版社，2014，第174页。
② 范岱年、元方：《当代中国杰出的物理学家王淦昌》，《自然辩证法通讯》1987年第1期。

学家和人口学家、1949—1951 年担任浙江大学校长的马寅初先生题词："子三先生：我连续五次上凤凰山叩墓，为的是学习先生的革命精神。"

于子三精神是浙大求是精神的弘扬，即一种奋斗精神、牺牲精神、革命精神和科学精神。

在风雨如晦、黎明前黑暗的年月里，浙大师生心目中最好的校长是竺可桢先生，最好的教授是革命烈士费巩先生，最好的学生是农学院的于子三烈士。

（3）新中国成立后

1949 年 10 月 1 日，新中国成立，由此中国历史翻开崭新的篇章。海外科学家冲破重重阻力，回国参加祖国建设。《中国共产党历史》记载：1950 年前后，李四光、华罗庚、叶笃正、程开甲、谢希德、赵忠尧、王淦昌等一批科学家和学者，毅然放弃在国外的优裕条件，返回祖国参加建设。[1] 其中，叶笃正、程开甲、王淦昌为浙大校友。

1950 年，朝鲜战争爆发。浙大校医李天助参加抗美援朝医疗队。著名蚤类专家柳支英教授和年轻的女助教李平淑响应祖国召唤，奋不顾身投身反细菌战斗争。[2]

1959 年 11 月 2 日，刘少奇同志视察浙江大学，参观双水内冷发电机样机。

1967 年 6 月 17 日，中国第一颗氢弹空爆试验成功。浙江大学于 1966 年 12 月研制的 3 台 250 万幅 / 秒等待式高速摄影机成功记录了氢弹原理性试爆瞬间全过程，做出浙大贡献。

林俊德，爆炸力学专家，献身国防建设事业的杰出科学家，全军挂像英模，1960 年毕业于浙江大学机械系。大漠筑核盾，生命写忠诚。他生命的最后十小时感动全中国。

叶培建，1967 年毕业于浙江大学无线电系，嫦娥一号探月卫星总设计师和总指挥，中国资源二号卫星总设计师，在嫦娥四号首次实现月背软着陆等方面发挥了重要作用，获"人民科学家"国家荣誉称号。

---

① 中共中央党史研究室：《中国共产党历史》第二卷上册，中共党史出版社，2011，第 156 页。

② 参见《浙江大学农业与生物技术学院院史（1910—2010）》，浙江大学出版社，2010，第 45 页。

姚玉峰，浙江大学医学院附属邵逸夫医院眼科主任，荣获"白求恩奖章""全国道德模范""全国最美医生""最美奋斗者"称号，在国庆70周年庆祝活动中，在首都登上"凝心铸魂"主题彩车。

同学们，新中国成立70多年来，各项事业突飞猛进。在国防军工、航天航空、工农业生产、医疗卫生、文化教育等领域，浙大儿女均付出自己的辛勤劳动，做出贡献。青春在奋斗中闪光，绝大多数都是在平凡的岗位上默默无闻地做出不平凡业绩的普通成员。我再以农科为例来看看他们的贡献。

姚海根，1965年毕业于浙江大学（原浙江农业大学），1974年起，46载春秋，培育105个优质水稻品种，推广面积4亿多亩，创水稻育种之奇迹。他牢记伟人教导"手中有粮，心里不慌。脚踏实地，喜气洋洋"，通过自己的辛劳和汗水，为把中国人的饭碗牢牢地端在自己的手里做出贡献。

王一成，1983年毕业于浙江大学（原浙江农业大学畜牧兽医系，现浙江大学动物科学学院），兽医专家，专攻猪瘟病防治，业务精湛，对农民贴心，身患绝症与病魔抗争，不幸英年早逝。

今年是脱贫攻坚的收官之年，浙大农科做出自己的贡献。江家余、辜博厚、徐梅生等老一辈优秀科技副县长，进入21世纪后涌现了汪自强、张放、汪炳良、骆耀平、陈再鸣、汤一、叶明儿等一大批优秀科技特派员，深受当地欢迎，有的获荣誉市民称号，有的受到联合国计划开发署表彰。汪自强获全国优秀教师称号，张放的脱贫经验《我愿把情把爱撒向山乡》在全国推广。[①] 他们把论文写在农村广袤的大地上，写进脱贫致富农民的心坎里，写在人类减贫的崇高事业中。

2020年，在突如其来的新冠肺炎疫情挑战面前，浙大医科师生以精湛的医术和求是创新精神，贡献浙大力量、浙大方案、浙大经验，彰显人类卫生事业命运共同体理念，被《中国发布新冠肺炎疫情信息 推进疫情防控国际合作纪事》所记载。浙一医院新冠肺炎救治青年突击队荣获第34届中国青年五四奖章等荣誉。我在今年4月10日《从大国战"疫"看中国特色社会主义优越性》讲演中已对此做了较详细的介绍，在

---

① 参见《浙江大学农业与生物技术学院院史（1910—2010）》，浙江大学出版社，2010，第73、176页。

此就不再重复了。

2. 新时代浙大学子的使命担当

习近平总书记关心和重视浙江大学的发展，他在浙江任职期间 18 次视察浙江大学。2006 年 9 月 27 日，习近平同志在浙大紫金港校区为学生作《继承文化传统，弘扬浙江精神》的报告，他指出：作为浙江精神重要组成部分的"求是精神"，是百余年来浙江大学办学理念的浓缩和凝练，是浙大人"以天下为己任，以真理为依归"崇高追求的高度概括。"求是精神"不仅是浙江大学宝贵的精神财富，也是全省教育科技战线乃至全省人民宝贵的精神财富。在新的发展阶段，我们要继承和发扬光大浙江精神和"求是精神"。①

同学们，我们处在伟大的新时代，应胸怀两个大局：中华民族伟大复兴的战略全局和世界百年未有之大变局。

早在 1957 年 3 月 20 日，毛主席指出："把我们的国家建设好要多少年呢？我看大概一百年吧。要分几步走：大概有十几年会稍微好一点；有个二三十年就更好一点；有个五十年可以勉强像个样子；有一百年就了不起。……我们现在是白手起家，祖宗给我们的很少。让我们跟全国人民一道，跟国家一道，跟青年一道，干他几十年。这个世纪，上半个世纪搞革命，下半个世纪搞建设。"②

现在，中国进入波澜壮阔的改革开放时期，党中央制定了三步走战略目标，我们从来没有像今天这样接近于中华民族伟大复兴的目标，伟人当年的预言正一步步地变为现实。

我是农学院一名普通的退休教师，当 1948 年童年的我同父母在大学路浙大校本部留影时，怎么也不会想到年近耄耋的我会在美丽、现代化的浙大紫金港校园同莘莘学子谈谈往昔浙大的故事和求是的光荣传统。

当我 18 岁在父亲的陪同下来到华家池的浙江农业大学报到时，第一位遇到的是当时还很年轻的陈子元先生，他亲切和蔼地接待了我，我怎么也不会想到他后来成为中国核农学的奠基人、中国科学院院士、著名的核农学家、担任国际原子能机构（IAEA）顾问的第一位中国科学家。

当我在华家池简陋的平房教室为学生授课，当时的我怎么也不曾想

---

① 《浙江大学报》2018 年 12 月 14 日第 2 版。
② 《毛泽东传（1949—1976）》，中央文献出版社，2003，第 648 页。

到，从这个课堂中会走出大学的校长、书记，各级领导干部，各大教授、专家以及院士（其中还包括美国科学院的院士），学生的论文会发表在世界顶尖的学术期刊上。

正如恩格斯所言："这是一个需要巨人并且产生了巨人的时代，那些在思维能力、激情和性格方面，在多才多艺和学识渊博方面的巨人。"[1]

在纪念五四运动一百周年大会上，习近平总书记指出："新时代中国青年处在中华民族发展的最好时期，既面临着难得的建功立业的人生际遇，也面临着'天将降大任于斯人'的时代使命。"[2]

百廿余年来我们的浙大先烈先辈秉承浙大精神，就是这样砥砺奋进，做出贡献，彪炳史册的。作为后继者的我们将更加努力，更加奋发有为！

浙大精神永放光芒！

谢谢同学们。

（2020年5月22日于浙大紫金港校区求是学院丹青演播厅演讲；2020年6月15日整理，略有补充）

---

[1] 《马克思恩格斯文集》第九卷，人民出版社，2009，第409页。
[2] 习近平：《在纪念五四运动100周年大会上的讲话》，《光明日报》2019年5月1日第2版。

浙大精神的时代光芒

求是儿女的志气、骨气、底气 ①

今天，我怀着对浙大历史及求是儿女的崇敬之心，向 2023 年参加军训的新生朋友们介绍百廿多年来，求是儿女可歌可泣的奋斗历程，以及其爱党、爱国、爱人民的志气、骨气、底气。

习近平总书记多次在重要讲话中强调要增强做中国人的志气、骨气、底气。这具有重要和深远的意义。他指出："新时代的中国青年要以实现中华民族伟大复兴为己任，增强做中国人的志气、骨气、底气。"② 浙江大学创建于国家和民族危难之际，成长于国家和民族奋进之中，发展于国家和民族振兴之时。浙江大学的前身求是书院创办于 1897 年，是甲午战争战败后中国人奋发图强、振弱雪耻所创办的新式学堂之一，办学宗旨为：居今日为图强，居今日而育才。③ 实现中华民族伟大复兴，既是中华民族的伟大梦想，也是浙江大学 126 年历经沧桑、矢志不渝的不懈追求和崇高目标。126 年来，爱国主义就像根红线贯穿浙江大学在前后 3 个世纪勠力同心的奋斗历程。在近现代中国革命、建设、改革的不同时期，求是儿女继承发扬爱国主义精神，不断增强做中国人的志气、骨气、底气。爱国主义是浙大精神的根和魂。

---

① 本文根据《踔厉奋发，勇毅前行：求是学子的"诗和远方"》（2023 年 6 月 2 日于浙大紫金港校区蒙民伟楼报告厅）、《学习于子三，增强做中国人的志气、骨气、底气》（2023 年 8 月 7 日于山东烟台莱山区现代文明理论报告厅）以及本次演讲综合而成。

② 习近平：《在庆祝中国共产党成立一百周年大会上的讲话》（单行本），人民出版社，2021，第 21 页。

③ 参见《浙江大学农业与生物技术学院院史（1910—2010）》，浙江大学出版社，2010，第 6 页。

一、早期：报国图强，筚路蓝缕，以启山林 [①]

1. 求是书院创办者林启

林启，字迪臣，福建侯官人，晚清官吏。幼年家境清寒，因受先辈林则徐等影响，主张革新图强，振弱雪耻。1896 年调任杭州知府，守杭近 5 年，为民办了许多好事。杭州百姓赞誉林启"守正不阿，精明笃实"，褒举林启为"两浙循吏第一"。1897 年，林启创办求是书院。当时，距甲午之役二年，爱国之士皆思自强雪耻之道，扫积弊，求实学。"求是"一词源自《汉书·河间献王传》"修学好古，实事求是"之语。书院冠名"求是"，意在务求实学，存是去非，培养"切为时用之人才"。[②]

求是书院即在国家蒙难、民族蒙辱、文明蒙尘的危难背景下诞生，并由此开启求是儿女筚路蓝缕、以启山林、艰苦创业的序幕。林启还是一位蚕业教育家，不仅创办了求是书院，还创办了蚕学馆（原浙江丝绸工学院、今浙江理工大学之前身），此举为浙江近代蚕业专业教育之发端、中国近代农业教育之滥觞。林启还创办了养正书塾（今杭州高级中学、杭州第四中学之前身），当之无愧为浙江近代教育之开山之祖。[③] 林启一身正气，面对英国人梅藤妄图占据杭州圆通寺的利诱、威胁，怒不可遏，断然拒绝，公开宣言："我林启官可以不做，中国之土地，一寸不能失！"事后，梅藤反而格外敬佩中国的这位太守，称之为"中国政府难得的一位好官"。[④] 在杭州孤山林社林启墓地有一名联："树谷一年，树木十年，树人百年，两浙无两；处士千古，少尉千古，太守千古，孤山不孤。"[⑤] 这就是百廿多年前求是书院开创者林启的风骨和操守。在林启身上，我们看到了"中国的脊梁"的志气、骨气、底气。

2. 早期的风云人物

在浙江大学创立的早期，诸多风云人物涌现。

许寿裳，革命烈士，求是书院学生，传记作家，教育家，鲁迅挚

---

① 此谓之早期，指求是书院成立至国立第三中山大学（浙江大学前身）成立前之时段。
② 《浙江大学农业与生物技术学院院史（1910—2010）》，浙江大学出版社，2010，第 6 页。
③ 参见《浙江大学简史（第一、二卷）》，浙江大学出版社，1996，第 196 页。
④ 同③，第 198 页。
⑤ 张婷：《从一八九七走来》，中国大百科全书出版社，2017，第 8 页。

求是儿女的志气、骨气、底气

友。1948 年 2 月被国民党特务杀害。①

邵飘萍,革命烈士,中国新闻界先驱之一。1905 年考入浙江高等学堂。他将李大钊书赠"铁肩担道义,妙手写文章"凝练为"铁肩辣手"四个大字,把"妙手"改为"辣手",以示不畏艰难、勇于战斗之气概。毛主席给予了邵飘萍高度评价,并亲自批准邵飘萍为革命烈士。②

陈望道,1914 年在之江大学就读,1920 年译《共产党宣言》,为马克思主义在中国的播种者。

夏衍,中国新文化运动的先驱者之一,文化战线的卓越领导人,杰出的革命文艺家,著名的社会活动家,国家有杰出贡献的电影艺术家。1915 年考入浙江省立甲种工业学校染织科学习。五四运动时期负责编辑《浙江新潮》杂志。1927 年加入中国共产党。③

朱侃夫,1924 年考入浙江公立工业专门学校学习。1926 年加入中国共产党,一生转辗南北,投身革命,新中国成立后任武汉市第一书记、湖北省委书记、中共中央顾问委员会委员等职。④

常书鸿,1923 年毕业于浙江公立工业专门学校染织科。1956 年加入中国共产党,敦煌艺术研究家,被誉为"敦煌守护神"。2023 年被联合国教科文组织授予"杰出贡献奖"。⑤

汪猷,中国科学院院士。1926 年毕业于浙江公立工业专门学校应用化学科。我国首位研究抗生素的科学家,1961 年带领团队在世界上首先人工合成牛胰岛素⑥

赵九章,气象学家,地球物理学家,中国科学院院士。1925 年考入浙江公立工业专门学校电机科。任中国科学院卫星工作组副组长,负责我国气象火箭和空间技术人才队伍的培养。⑦

在这一时期,浙江大学农科也涌现一批风云儿女,其中有革命烈士2 位:陈敬森烈士,1924 年考入浙江公立农业专门学校。1925 年加入中

---

① 参见《浙江大学简史(第一、二卷)》,浙江大学出版社,1996,第 207 页。
② 同①,第 211–212 页。
③ 同①,第 215–216 页。
④ 同①,第 218 页。
⑤ 同①,第 216–217 页;《光明日报》2023 年 9 月 12 日第 4 版。
⑥ 同①,第 217 页。
⑦ 同①,第 218–219 页。

国共产党。1930 年英勇就义，年仅 24 岁。

邹子侃烈士，1925 年入浙江公立农业专门学校。1926 年加入中国共产党。1932 年英勇就义，年仅 20 岁。

陈嵘，林学家，林业教育家，树木分类学家。1913 年担任浙江省立甲种农业学校校长，培养出沈宗瀚、卢守耕等著名农业科学家。1937 年南京大屠杀时，陈嵘挺身而出，同拉贝等国际友人一起设安全区，保护受难同胞。

吴觉农，1913 年考入浙江省立甲种农业学校，1916 年毕业后留校任教至 1919 年。主编《茶经述评》，被誉为"当代茶圣"。

卢守耕，曾就读于浙江省立甲种农业学校，曾担任浙江大学农学院院长。1945 年抗战胜利后，奉命接管台湾农业机构并任职，被称为"农业耆宿"。

沈宗瀚，曾就读于浙江省立甲种农业学校，著名农业科学家，有"台湾现代农业之父"之称，著《克难苦学记》，影响广泛。

郭汉城，曾就读于浙江公立农业专门学校，著名戏曲理论家。

限于时间和篇幅，我不能一一列举。总之，这一时段群星灿烂、闪耀，浙江大学先贤筚路蓝缕，以启山林的拓荒光芒。

二、慷慨悲壮的西迁凯歌

今年为抗日战争胜利 78 周年。92 年前的 1931 年九一八事变，抗日战争爆发。1937 年，七七事变后，全面抗战奋起。是年，日寇逼近杭州。1937 年 11 月 11 日，浙江大学在祖国山河接连沦陷的悲愤中，毅然从建德离省向西迁播，开启了历时二年多、途经六省的艰苦卓绝的"文军长征"。

竺可桢校长亲撰的《国立浙江大学宜山学舍记》镌刻下浙大师生慷慨悲壮、毅然西行、救亡自强、决不屈服的历程和精神风貌。现敬录其中的若干段落于下：

丁丑三年（指 1937 年——抄注），倭大入寇，北自冀察，南抵粤闽，十余省之地，三年之间，莫不被其毒。唯吾将士暴露于野者气益勇，民庶流离于道者志益坚。其学校师生义不污贼，则走西南千里之外，边徼之地，讲诵不辍，上下兢兢以必胜自负。噫，此岂非公私义利之辨，夷夏内外之防，载在圣贤之籍，讲于师儒之口，而入于人人之心者，涵煦深厚，遂大作于外欤？①

整篇碑文荡气回肠，振聋发聩，号召全校师生"应变以常，处困以亨，荡丑虏之积秽，扬大汉之天声，用缵邦命于无穷，其唯吾校诸君子是望乎。"②《国立浙江大学宜山学舍记》是浙大抗战西迁留下的珍贵历史文献。它既是对日寇暴行的愤怒控诉，又是同仇敌忾、抗战必胜的檄文，内涵丰富，底蕴深厚，具有极强的感染力和号召力，充分表达了在国家和民族危难之时浙大求是儿女的志向、操守和坚信抗日必胜的气概、气魄。

1.艰苦卓绝，成就非凡

浙大学生黎明即起，在朝阳下，漫山遍野，朗诵默读。白天不够，复三更灯火，埋头苦读，油灯熏黑鼻孔亦毫不在意，不舍昼夜，奋发学习。

在湄潭，除借用文庙外，一般均在竹搭的草棚里上课，只挂一块黑板，无桌椅。学生站着听课，肩上斜挂一木板，用来记课堂笔记。师生上下兢兢，讲诵不辍，薪火相传。

生活极其清苦。学生用餐如"蜻蜓点水"，"逢六进一"（即吃六口饭，夹一口菜，豆腐乳也仅蘸到即可）。教师生活一样艰难。生物学家贝时璋教授一家四口，住泥墙草屋。一盏油灯下，贝时璋先生备课，孩子做功课，夫人借光纳鞋底。农学院教授、昆虫学家祝汝佐先生在跳跃不定的油灯下备课至深夜，教案一改再改，补充了再补充；即使在非常时期，仍一丝不苟，严格要求学生熟读伊姆斯（A. D. Imms）的《昆虫学纲要》，背诵科以上的拉丁学名及主要科的重要农林害、益虫名称。③

---

① 《浙江大学农业与生物技术学院院史(1910—2010)》，浙江大学出版社，2010，第22-23页。
② 同①，第23页。
③ 同①，第123页。

因陋就简，自力更生，坚持科学研究。抗战时期的遵义、湄潭物资匮乏。以农学院为例，师生千方百计寻求替代物，因陋就简，开展科学研究：用汽车引擎发电；没有恒温箱时，巧用炭条控温；用油纸替代玻璃自造温室；用木桶过滤自制自来水；用瓦盆作蒸发皿，竹管作导管；废信封作育种袋；用竹签替代回形针；显微镜白天黑夜轮着使用，等等。就在这样令人难以想象的极其困难的条件下，浙大取得了一系列令人瞩目的科研成果。譬如，王淦昌的《关于探测中微子的建议》发表于国际著名杂志《物理评论》。周厚复的原子理论研究曾被英国皇家学会推荐为1944年诺贝尔奖评选论文。苏步青的微分几何研究、陈建功的三角函数研究、束星北的相对论研究、卢鹤绂和王谟显的量子力学研究、贝时璋的细胞重建研究、罗宗洛的植物生理研究、谈家桢的遗传学研究、张肇骞的植物分类学研究、钱宝琮的中国古代数学史研究、王琎的中国化学史研究等，均为当时科学研究的前沿。① 值得一提的是，在此期间，竺可桢作《二十八宿的起源考》，彰显了他作为一名爱国科学家的责任和担当。

　　抗战西迁时期，特别在湄潭时，浙大农学院的科学研究和技术推广成果丰硕，成效斐然，可参见下表。

抗战西迁时期浙大农学院研究专题、科研成果一览表 ②

编号	主要研究者	研究课题及成果	备注
1	陈鸿逵	除虫菊枯病之研究	农林部特约研究专题
2	蔡邦华	五倍子之研究	农林部特约研究专题
3	祝汝佐	我国食粮害虫生物防治之研究	农林部特约研究专题
4	罗登义	我国主要果蔬中维生素之研究	农林部特约研究专题
5	吴文晖	耕者有其田之研究	农林部特约研究专题
6	卢守耕	水稻多收栽培法	农林部特约研究专题（增设）
7	萧辅、叶声钟	蓖麻良种选育	农林部特约研究专题（增设）
8	卢守耕	水稻育种和胡麻杂交研究	研究成果
9	孙逢吉	芥菜变种研究	研究成果

---

① 《浙江大学简史（第一、二卷）》，浙江大学出版社，1996，第78页。

② 同①，第79页。《浙江大学农业与生物技术学院院史（1910—2010）》，浙江大学出版社，2010，第27页。

求是儿女的志气、骨气、底气

浙大精神在农科的传承和发展

续表

编号	主要研究者	研究课题及成果	备注
10	吴耕民	甘薯、西瓜、洋葱等新品种的试植和推广及其湄潭胡桃、李、梨之研究	研究成果
11	熊同和	植物无性繁殖研究	研究成果
12	林汝瑶	观赏植物之研究	研究成果
13	杨守珍	豆薯各部的杀虫研究	研究成果
14	彭谦、朱祖祥	土壤酸度试剂	研究成果
15	蔡邦华、唐觉	五倍子研究	研究成果
16	陈锡臣	小麦研究	研究成果
17	过兴先	玉米和棉花研究	研究成果
18	储椒生	榨菜研究	研究成果
19	罗登义	营养学研究	研究成果
20	陈鸿逵、杨新美	白木耳栽培	研究成果
21	葛起新	茶树病虫害研究	研究成果
22	祝汝佐	中国桑虫研究	研究成果
23	杨新美	贵州食用蕈人工栽培	研究成果
24	蔡邦华	关于我国西南各省蝗虫、马铃薯蛀虫、稻苞虫之研究	研究成果
25	夏振铎	柞蚕寄生蝇研究	研究成果
26	王福山	蚕丝增长研究	研究成果
27	郑蘅	柞蚕卵物理性状研究	研究成果

2. 习坎示教，淬炼意志品质，堪当大任

竺可桢在西迁途中，常以王阳明等先贤为典范，对学生进行爱国主义教育，同时十分注重培养学生砥砺奋进的意志和品质。1938 年 11 月 14 日在宜山举行的集会上，竺可桢严肃批评、教育当时押运图书仪器的 19 名学生。竺校长分析："事先已知三水危急而贸然前往，是为不智；临危急而又各鸟兽散，是为不勇；眼见同学落水而不视其至安全地点各自分跑，无恻隐之心，是为不仁。此 19 人乃你们所公推，是全体学生之大辱，亦是全校职工之奇耻。你们得常自省问，若是再逢这种机会，是否

见危授命，能不逃避而身当其冲？"①

这样严格的求是教育和实践淬炼，培育了求是儿女的精气神。当时，浙大的学生衣着俭朴，但整洁大方，质朴而不寒酸，典雅中透发出刚毅坚韧的内在气质。在西迁艰苦卓绝的十年中，浙大保护了一大批著名科学家，也培育了几千名堪当大任的优秀青年。据不完全统计，当时在浙大任教而后当选为两院院士的有24位，当时在校学习而后当选为两院院士的学生有18位。②当时，有4000多名学生在湄潭生活学习。他们毕业后，在各自岗位上勤奋踏实，勠力同心，为中华民族富强昌盛做出贡献。以农学院为例，当时在湄潭荟萃知名农业教授、专家40多名。于子三烈士，原浙江农业大学校长、名誉校长朱祖祥院士，南开大学校长、著名经济学家藤维藻均为这一时期的学生。

3. 凤凰涅槃，声名鹊起

浙大抗战西迁近十年间（1937—1946），在竺可桢校长的带领下，学生规模"由几百人增至2500多，扩充文、理、工、农四院，又添上了医、法、师范"3个单位，相继成立的研究所有化工、数理、史地、教育4个。③1939年，还在浙江龙泉创办分校。而据美国记者报道，七七事变后，日本没有增设1所新学校。在1938年印度举办的基督教代表大会上，美国总统听说中国许多大学向内地迁徙而继续开学时，感到非常惊奇和钦佩。④

浙大在浴火中重生，凤凰涅槃，由一所地方性大学跃升为中国著名学府。李约瑟盛赞浙大为"中国四所最好的大学之一"，"可与牛津、剑桥、哈佛媲美"。⑤查良镛（金庸）于1946年12月6日在《东南日报》发表《访东方剑桥——浙江大学》之文。⑥由此而始，"东方剑桥"之名不胫而走。应该实事求是地指出，浙大从来没有把剑桥大学作为自己的目标，

---

① 《浙江大学简史（第一、二卷）》，浙江大学出版社，1996，第57页。
② 同①，第87页。
③ 夏菲：《"东方剑桥"——实事求是的国立浙江大学》，载《浙江大学史料（第二卷·下）》，浙江大学出版社，2022，第28页。
④ 参见《新编风雨龙吟楼诗词》，浙江大学出版社，2018，第5-6页。
⑤ 参见1944年12月18日竺可桢日记。
⑥ 同③，第26页。

求是儿女的志气、骨气、底气

但对产生于战时艰难岁月奋发有为、造就非凡、卓越奇迹的历史应予尊重；浙大也从未以"东方剑桥"自诩，但师生们为浙江大学创东方反法西斯主战场、独立办学的教育奇迹而自豪。这种自豪是作为中国人志气、骨气、底气的必然表达。

2017 年 11 月 24 日，李克强总理在昆明参观西南联大旧址时说："在极端艰难困苦中弦歌不辍，大师辈出，赓续了我国民族的文化血脉，保存了知识和文明的火种，这不仅是中国教育史上的奇迹，也是世界教育史上的奇迹。"① 我在想，李克强总理的评价也完全适合在遵义、湄潭独立办学的浙江大学。

习近平总书记指出："世界上不会有第二个哈佛、牛津、斯坦福、麻省理工、剑桥，但会有第一个北大、清华、浙大、复旦、南大等中国著名学府"。② 这为浙江大学扎根中国大地办教育，争创世界一流大学指明了方向，提供了根本遵循，也充分表达了中国大学争创世界一流大学的志气、骨气、底气。

三、学生魂：宁死不屈的于子三

于子三，浙江大学农学院农艺系学生，浙江大学学生自治会主席。1925 年生于山东烟台牟平县前七夼村（今烟台市莱山区文成社区），牺牲于 1947 年 10 月 29 日。

1. 于子三的历史贡献

于子三是位有理想的热血青年。他因领导爱国学生"反饥饿、反内战、反迫害"斗争表现出色，被推选为浙大学生自治会主席，并于 1947 年 9 月参加党的地下组织的外围秘密团体"新民主青年社"，为华家池分社负责人。于子三被国民党反动派视为眼中钉、肉中刺。1947 年 10 月 25 日，于子三遭反动派秘密逮捕。面对敌人的严刑逼供，于子三大义凛然，坚贞不屈，始终没有吐露任何机密。国民党反动当局恼羞成怒，于 10 月 29 日下午杀害于子三。于子三被害引起全国规模的反迫害、争自由的爱国学生运动。1947 年 12 月，中共上海局把它定名为"于子三

---

① 参见《新编风雨龙吟楼诗词》，浙江大学出版社，2018，第 5—6 页。
② 《习近平谈治国理政》，外文出版社，2014，第 174 页。

运动"。正如毛主席 1947 年 5 月 30 日所指出的："中国境内已有了两条战线。蒋介石进犯军和人民解放军的战争，这是第一条战线。现在又出现了第二条战线，这就是伟大的正义的学生运动和蒋介石反动政府之间的尖锐斗争。"[1] "于子三运动"前后持续四个半月，国统区 20 多个大中城市，约 15 万人声援、罢课、罢教、集会、游行等抗议活动此起彼伏。[2] "于子三运动"是继抗暴和五月运动之后的又一次学运高潮。这三次规模空前的学生爱国运动形成的第二条战线，有力地配合了人民解放战争，加速了国民党反动政权的彻底崩溃。"于子三运动"是新中国成立前的最后一次全国规模的学生爱国民主运动。谱写了中国现代学生爱国民主运动的光辉篇章。于子三烈士被誉为"学生魂"。于子三烈士的事迹被载入中国共产党历史。这就是年仅 22 岁于子三烈士甘洒热血写春秋的历史贡献。

2. 求是儿女的典范

于子三殉难后，展示烈士遗物，师生们目睹他那字迹清秀，卷面整洁，一丝不苟的笔记、作业、实验报告和试卷，清贫到不能再简约的衣物用品，不禁潸然泪下，泣不成声。同学深情地抚摸烈士留下的破旧衣服，闻了又闻，还想再感受烈士生前的气息。当年学生进步刊物标题为："道德学问皆群冠，瞻抚遗物泪满襟。"复旦大学学生代表献上"民主英雄"的旗帜。于子三的成绩均为甲和乙，甲多乙少，是一位品学兼优的学生。鲁迅先生在《纪念刘和珍君》中写道："能够不为势力所屈，反抗广有羽翼的校长的学生，无论如何，总该有些桀骜不驯的，但她（指刘和珍——抄注）却常常微笑着、态度很温和。"[3] 联想到"道德学问皆群冠"、追求光明、献身真理、英勇牺牲的于子三烈士，我们景仰他是笃行"求是"精神蕴涵的奋斗精神、牺牲精神、革命精神、科学精神之典范，不愧为竺可桢校长所赞扬的："一个纯洁青年如何敢于为真理主义而至死不屈地奋斗……一个人倒下去，千万个人站起来了，正义终于战胜了横暴，解放的光芒照耀了黑暗。于子三之名永垂不朽。"[4]

---

① 毛泽东：《蒋介石政府已处在全民的包围中》，载《毛泽东选集》第四卷，人民出版社，1991，第 1224-1225 页。
② 《中国共产党浙江历史（1921—1949）》第一卷，中共党史出版社，2021，第 498 页。
③ 《鲁迅选集》（下），人民文学出版社，1962，第 74 页。
④ 竺可桢：《于子三之名永垂不朽》，载《学生魂》，杭州大学出版社，1993，第 17 页。

3. 于子三精神

在新中国成立之前的人民解放战争时期，"闻一多拍案而起，横眉怒对国民党的手枪，宁可倒下去，不愿屈服。朱自清一身重病，宁可饿死，不领美国的'救济粮'"。毛主席高度评价他们："我们中国人是有骨气的""表现了我们民族的英雄气概"。[①] 闻一多，1946 年 7 月 15 日被国民党特务暗杀。朱自清，1948 年终因贫病在北平去世。于子三，1947 年 10 月 29 日被国民党反动当局杀害。在同一历史背景下，还有战斗在渣滓洞、白公馆等敌人魔窟，彰显红岩精神的革命烈士，他们都表现出视死如归，不被敌人压倒而要压倒敌人的英雄气概。他们是"三年以来，在人民解放战争和人民革命中牺牲的人民英雄们"，[②] 碧血丹心、铮铮铁骨、浩气永存！于子三烈士把渴望光明、追求真理的力量转化为对党的信仰的力量，把信仰的力量转化为不屈不挠斗争的力量和道德的力量，把斗争和道德力量转化为人格的力量。马寅初先生敬重并题辞，高度评价于子三烈士："子三先生：我连续五次上凤凰山叩墓，为的是学习先生的革命精神。"[③] 于子三以自己的鲜血和生命，唤起广大青年学生和知识分子投身人民解放事业的伟大洪流。2022 年农学院将于子三精神凝练为"爱国、真诚、担当、贡献"。

四、抗美援朝：祖国一声召唤，朝令夕至奔赴前线

抗美援朝战争是新中国诞生后的第一声"呐喊"，也是对"中国人民从此站起来"具体而生动的诠释，为新中国诞生后的"立国之战"，并创造了世界现代战争史上以弱国战胜强国的奇迹。当时，敌方"钢多气少"，我方"钢少气多"，我方"钢少气多"要打败敌方"钢多气少"，这个"气"就是中国人民在中国共产党领导下的志气、骨气、底气。

1950 年 12 月，浙江大学响应抗美援朝号召，有 643 名师生踊跃报名参军参干，全校有 89 人被录取，其中农学院有 26 名，占全校参军参

---

① 《别了，司徒雷登》，载《毛泽东选集》第四卷，人民出版社，1991，第 1495-1496 页。
② 引自毛主席 1949 年 9 月 30 撰写的人民英雄纪念碑碑文。参见《毛泽东传（1893—1949）》，中央文献出版社，1996，第 945 页。
③ 《思政教育实践——邹先定思政教育札记选编》，浙江大学出版社，2023，第 136 页。

干人数的 29%。浙江大学附属医院 11 名医护人员加入抗美援朝医疗大队第二中队。在朝鲜战场，全体医护人员受到立功嘉奖，其中李天助大夫荣获二等功。[①]

1952 年 4 月，时任中国科学院近代物理研究所副所长的校友王淦昌教授，赴朝鲜前线工作 4 个月。他用自己精湛的学术知识判断敌方炮弹不会是核碎的散裂物，消除对敌方是否使用原子炮的疑虑。王淦昌还给志愿军官兵作有关原子弹原理及其效应的报告，受到一致好评。[②]

1952 年 2 月，农学院昆虫学教授、蚤类专家柳支英教授及其青年女助教李平淑赴朝参加反细菌战的防疫检验工作。2 月上旬某天上午，卫生部来电话指定柳支英教授赴朝工作，下午又来电话要求其增带助手。柳支英及其助手李平淑毫不犹豫，迅速收拾行装，奔赴前线。在反细菌战斗争中，柳支英同数十位昆虫学家一起，在前线大量收集毒虫标本，进行鉴定并指导防治，并提供关于美军发动细菌战无可抵赖的证据。1952 年，柳支英教授荣获卫生部颁发的"爱国卫生模范"奖章和奖状，并被朝鲜民主主义人民共和国授予"三级国旗勋章"。[③]

五、大漠铸核盾，忠诚写担当

面对西方的核讹诈，1955 年，党中央作出建立和发展中国原子能事业的战略决策。1959 年 6 月，苏联单方面撕毁协议，拒绝提供原子弹原型设备。中国科技人员以此日期命名我国第一个核爆炸计划——"596计划"。以王淦昌、程开甲、林俊德等为代表的浙大人，为了国家大义，苦干惊天动地事，甘做隐姓埋名人，践行"祖国利益高于一切，忠诚使命重于一切"的价值追求。他们高尚的修为和卓越的业绩生动体现了"热爱祖国、无私奉献，自力更生、艰苦奋斗，大力协同、勇于攀登"的"二弹一星"精神。杨达寿先生所著《启尔求真——核研试浙大人》讲述了王淦昌、钱三强、程开甲、吕敏、唐孝威、林俊德等参与核研制、核试验

① 《浙江大学简史（第一、二卷）》，浙江大学出版社，1996，第 318 页。
② 参见杨达寿：《启尔求真——核研试浙大人》，浙江大学出版社，2022，第 9 页。
③ 参见《浙江大学农业与生物技术学院院史（1910—2010）》，浙江大学出版社，2010，第 45 页。

求是儿女的志气、骨气、底气

的 18 位杰出校友的真实故事和感人事迹。对此大家都比较熟悉，限于篇幅和时间，我就不在此展开介绍了。但我还要讲有关浙大的 2 个故事。

其一，250 万幅／秒高速摄影机的研制与拍摄。[1]1966 年 12 月 28 日，浙大研制的 3 台"250 万幅／秒等待式高速摄影机"成功记录了氢弹原理性试爆瞬间的过程，把核爆炸过程时间"拉长"了几百万倍。这是我国第一次使用当时最高拍摄频率的超高速摄影机，第一次拍摄到起爆后的连续照片，第一次拍摄到氢弹的原理性爆炸试验的清晰图像。它也见证了浙大求是儿女为我国国防事业筚路蓝缕、舍家为国、攻坚克难、不计得失的志向和品格。

其二，我国第一颗原子弹爆炸时，下"起爆"口令的人。同学们应该都观看过我国第一颗原子弹爆炸成功的纪录片，其中有一个镜头格外引人注目：一位身穿白色防护服、神色严峻的军人喊出"5、4、3、2、1，起爆！"的口令。中国第一颗原子弹试爆成功震惊全世界，纪录片里这个镜头大家也都印象深刻，但知道这位军人是谁的人大概不多。他，就是浙江大学校友史君文同志。他于 1946 年考入浙大电机工程系，1950 年毕业后入伍，参加中国人民解放军。直到 2020 年浙大电气学院收到署名"一群防空老兵"的信，大家才知道，史君文同志又一次生动诠释了"做隐姓埋名人，干惊天动地事"的崇高情怀。据不完全统计，在新疆马兰的中国核试验基地，先后有 90 名浙大校友在此奋战，他们毕业的时间跨度 79 年。毕业最早的是程开甲院士，1941 年毕业于抗战西迁时的浙大物理系；79 年后，毕业于 2020 年的浙大机械系毕业生李飞腾进入了马兰基地。[2]马兰基地 11 位院士中，有 5 位是浙大校友，其中 4 位毕业于浙江大学，他们是著名理论物理学家程开甲、核物理学家吕敏、分析化学与放射化学学家杨裕生、爆炸力学学家林俊德，另一位浙大校友是理论物理学家王淦昌。

在党的领导下，中华民族从站起来、富起来到强起来的伟大飞跃中，求是儿女为天下粮仓的丰登和乡村振兴、千年贫困的历史性消除、健康中国美丽中国建设、双水内冷电机研发、"嫦娥"奔月、"蛟龙"号下潜、盾构机掘进、歼 20 首飞、电动汽车生产、微小卫星升空、抗疫阻击

① 参见杨达寿：《启尔求真——核研试浙大人》，浙江大学出版社，2022，第 340-355 页。
② 同①，第 352-359、360-363 页。

战做出努力和贡献。壮哉，求是儿女！时至今日，浙江大学 60 多万校友遍布海内外，有 200 多名院士、1 名诺贝尔奖获得者、4 名"两弹一星"功勋科学家、5 名国家最高科学技术奖获得者、10 位肖像上纪念邮票科学家、14 位获国际小行星命名的科学家，以及八一勋章获得者、全军挂像英雄、人民科学家、人民教育家、最美奋斗者、改革先锋、人民英雄等国家荣誉称号的英模不断涌现。

六、弘扬求是精神，增强做中国人的志气、骨气、底气

自 1897 年林启创办的书院冠名"求是"伊始，浙江大学高举求是精神之大纛，昂扬奋进在近现代中国革命建设改革和新时代新征程的各个时期。其中虽经历 1952 年全国院系调整，浙江大学一分为四：调整为浙江大学、杭州大学、浙江农业大学、浙江医科大学，直至 1998 年四校合并，组建成新的浙江大学。在 1952—1998 年的 46 年间，求是儿女自始至终高举求是大旗，在各个历史时期的奋斗中继承、发扬、发展求是精神和浙大优良传统，自觉增强做中国人的志气、骨气、底气。四校合并后的新浙江大学与时俱进地弘扬、发展了求是精神。特别是党的十八大以来，中国特色社会主义进入新时代，浙江大学全面贯彻习近平新时代中国特色社会主义思想和习近平总书记对浙江大学的一系列重要指示精神，结合浙大实际，提出并形成了现今的"求是创新"浙大校训，"海纳江河、启真厚德、开物前民、树我邦国"的浙大精神，"勤学、修德、明辨、笃实"的浙大共同价值观之完整体系。

关于"求是精神"，竺可桢校长曾有三次重要演讲。

第一次，1938 年 11 月 11 日，在广西宜山，竺校长作《王阳明先生与大学生的典范》演讲。

第二次，1939 年 2 月 4 日，也在广西宜山，竺校长为新生作《求是精神与牺牲精神》演讲，指出：求是路径，《中庸》说得最好，就是"博学之，审问之，慎思之，明辨之，笃行之"。

第三次，1941 年 5 月 9 日，在贵州遵义，竺校长作《科学之方法与精神》专论，强调科学家应采取的态度有三条：第一，不盲从，不附和，以理智为依归。如遇横逆之境遇，不屈不挠，不畏强暴，只问是非，不

计利害。第二，虚怀若谷，不武断，不蛮横。第三，实事求是，不作无病呻吟，严谨整饬，毫不苟且。

竺可桢校长这三次关于"求是精神"的重要文献，字里行间透发出作为求是学子应具备的志向和操守。同样，在 80 多年来浙大人口口传唱的校歌激昂的旋律中，求是儿女奏唱出志气、骨气、底气。

我理解，志气是指个人向上求真、求善、求进步的决心和勇气，是实现自己崇高理想和目标的气概。其要义是自强。

骨气是指刚强不屈的气概，坚持正义、在敌人和压力面前不屈服的品质。其内核是自尊。

底气是实现理想和目标的信心、勇气和能力。其实质是自信。

现今，我们所处的时代历史背景是中华民族伟大复兴，从站起来、富起来到强起来的惊天动地的伟业中，是勠力同心、踔厉奋发，全面建设社会主义现代化强国，实现第二个百年奋斗目标，以中国式现代化全面推进中华民族伟大复兴的新征程。

站在新时代广阔的地平线上，求是儿女要有具全球视野的眼光面对世界百年未有之大变局的加速演进、中华民族伟大复兴不可逆转的历史进程，以及浙江大学加快建设世界一流大学和优秀学科、2035 年跻身世界一流大学前列的雄心壮志。今年刚进校的浙大新生，将由一名优秀的高中毕业生跃升为新时代求是学子。刚进校的新生朋友们，当下你们正处在人生成长的"拔节孕穗"阶段，未来几年将在浙江大学得到系统的学习深造、严格培养，在火热的中国式现代化进程中锤炼。同你们的先辈相比，你们欣逢盛世，处在中华民族发展的最好时期，你们既面临难得的建功立业的人生机遇，也面临着"天将降大任于斯人"的时代使命。有幸作为浙大学子，从现在起就要承续浙大精神、求是精神，以及其蕴含的以爱国主义为核心的民族精神和以改革创新为核心的时代精神。竺可桢校长曾概括浙大学生"勤、诚"之气质。我理解，勤，包含勤奋、勤恳、勤俭；诚，具有诚实、诚恳、诚朴、诚笃等含义。应以自身的勤、诚之志，去不懈地追求真理、揭示真理、笃行真理。新生朋友们：大学时期，是莘莘学子培养修炼品德、气质，系统学习专业知识和技能，塑造不可替代、不可逆转的人生的基础阶段。新生朋友们：珍惜韶华，在这人生成长的关键阶段，下功夫夯实理想信念之基、自信大气之基、求是创新之基、时代担当之基。学慕前贤、笃实践行，自觉地确立"树我邦国，天下来同"的崇高志向，自觉培养"海纳江河"与"无日已是，无日遂真"好学品格，"习坎示教，始见经纶"与知行合一的求学态度，"靡革匪因，靡故匪新"与"何以新之，开物前民"的创新精神，"尚亨于野，无吝于宗"的以社稷为上、服务民众的价值取向和志趣，以及"成章乃达，若金之在熔"的人格和人生境界。"用脚步丈量祖国大地，用眼睛发现中国精神，用耳朵倾听人民呼声，用内心感应时代脉搏，把对祖国血浓于水、与人民同呼吸共命运的情感贯穿学业全过程，融汇在事业追求中"。①

18 年前的 2005 年 9 月，时任浙江省委书记的习近平同志曾讲过："我们不能强求浙江大学的每一位毕业生都是出类拔萃的，但在总体上，浙江大学的毕业生应更优"。②"出类拔萃"，这是习近平总书记在 18 年前对浙江大学莘莘学子的殷切期望和要求，也是党和人民对浙江大学为党育人、为国育才的期望和要求。

竺可桢校长有句名言："壮哉求是精神！此固非有血气毅力大勇者不足与言，深冀诸位效之。"③

我坚信，新时代求是儿女增强做中国人的志气、骨气、底气，在世界加速演进的百年未有之大变局和中华民族伟大复兴全局中担起时代重任，决不辜负党和人民的信任与期望。

谢谢大家。

（2023 年 9 月 5 日于浙大紫金港校区西四区 101 教室演讲；2023 年 10 月 6 日誊清于浙大华家池）

---

① 习近平：《论党的青年工作》，中央文献出版社，2022，第 242 页。
② 习近平：《干在实处 走在前列》，中共中央党校出版社，2006，第 340 页。
③ 竺可桢：《对 1948 年应届新生的训话》，载《寄情求是魂》，浙江大学出版社，2015，第 2 页。

附　录

著史育人：
学习编写宣讲浙大农学院院史十八载①

　　早几年，浙江大学档案馆馆长马景娣研究员约我给《浙江大学校史研究》写一篇关于主编浙江大学农业与生物技术学院（简称农学院）院史的文章，我当时答应了，但迟迟未能成文，一直拖欠着。今下决心把自己学习编写宣讲浙大农学院院史的情况和体会做一回顾和梳理，同时遂还文债，可卸去内心歉疚。

　　从我光荣退休的翌年——2004 年接受浙大农学院的委托，着手主编《浙江大学农业与生物技术学院院史》伊始，已整整 18 个春秋。

　　18 年来，我从零开始，研学浙江大学农科历史，继而主编农学院院史、农科忆述史料，并面向学生宣讲浙大精神和农科历史。我主要做了四个方面的工作：第一，两度主编出版《浙江大学农业与生物技术学院院史》；第二，主编出版《我心中的华家池——探寻浙江大学农科史与校园

---

① 本文原载《浙江大学校史研究》2022 年第 1 期，第 125–132 页。

"乡愁"》（简称《我心中的华家池》，共两卷）；第三，学习和探索陈子元院士的学术轨迹；第四，怀着对母校的崇敬之心，向学生宣讲浙大精神和农科辉煌历史光荣传统。不言而喻，这些工作都是在领导的指导支持下进行的，是集体劳动的结果。

一、主编《浙江大学农业与生物技术学院院史》

　　我是一名哲学和自然辩证法理论教师，长期讲授自然辩证法、科学哲学和现代农业课程，但对浙大农学院的历史毫无积累，这是我编写院史的第一个难点。当农学院院长朱军教授（后担任浙江大学副校长）同我商量编写农学院院史一事时，我一脸茫然，不知从何入手。但出于对母校的感情和责任，我毅然答应了。我分析自己潜在的优势：第一，我自 1961 年入学，在华家池待了 43 年；第二，我自 1985 年进入原浙江农业大学党委班子，后又担任校党委副书记，对该时段学校的情况比较了解；第三，我同华家池广大教职工保持良好的关系，可得到他们的支持和帮助，特别是可随时向一批德高望重、谙熟浙大农科历史的老先生、老专家请教，获得指点。第四，也是最关键的一点，我虚心好学，坚信"勤能补拙"。

　　编写院史的另一个难点是，我当时未见浙江大学学院史的范式。朱军院长给我作参考的样本是《北京师范大学数学系系史》。关于原浙江农业大学历史的著作主要有陈锡臣先生主编的《浙江农业大学校史（1910—1984）》（可惜未正式出版）及《浙江农业大学校志》（下限为 1990 年）。1998 年，原浙江大学、杭州大学、浙江农业大学、浙江医科大学合并，组建成新的浙江大学。农学院院史应为浙江大学的农学院院史，应置于并融入浙江大学的坐标之中。我在接手院史编写任务，铺开工作后，才发现此项工作的艰巨性，深感肩上的分量有多重。

1. 认真研读史料文本

　　我的办法唯有勤奋学习，在学中干，在干中学。我首先从认真研读大量的文本资料做起，仔细摘录，理清院史脉络。我研读的文本从《浙江农业大学校史》到《浙江大学简史（第一、二卷）》，从浙江省立甲种农业学校校刊《浙农杂志》到浙江农业大学最后 10 年的年鉴，从浙江大学老校友联合集刊《求是通讯》到国立浙江大学校友会印行的《国立浙江大学》（上、下册），从《竺可桢传》《竺可桢日记》到《吴耕民言论选集》《陈子元传》，从《浙江省农业志》到《浙江省科学技术志》，从《中国大百科全书·农业卷》到《中国农业百科全书》，从《中国科技专家传略》到《20 世纪中国知名科学家学术成就概览》，等等。总之，我力求能搜尽搜，能读尽读，博采众长并相互对照、印证补充，使之相得益彰。为了研究浙大农科史料，我积累了《院史编写札记》《我心中的华家池笔记》《农耕文化札记》《院史编写日志》等手抄笔记 9 本，达 60 余万字，还摘录了大量的农科史卡片。另外，我还收藏了大量剪报资料，将几个牛皮纸袋塞得鼓鼓囊囊的。在此基础上，我潜心梳理史料，分门别类、条分缕析，并加注、评析。对于每个历史事件，参照不同史料文本，尽可能做到对其来龙去脉了然于心，尽量夯实编写院史的史料基础。《浙江大学农业与生物技术学院院史》第一部分《发展历程及概况》的第一章至第三章，起讫时段为 1910—1998 年，由我执笔撰写。我就是抱着这样一种敬畏历史和科学严谨的态度编写院史的。

2. 实地寻踪考察

在编写农学院院史的过程中，我先后到贵州遵义、湄潭、永兴等地实地寻踪考察，仔细察看抗战时期浙江大学和农学院办学的旧址及周围环境；赴龙泉市实地考察抗战时期浙大龙泉分校的旧址；赴杭州临安西天目山禅源寺、杭州建德梅城竺可桢故居、宁波慈溪吴耕民故居等历史旧址，并在当地与有关人员进行座谈、交流。我再对照文本史料的表述，加深对史实环境和背景的认识，将文本史料的研读与寻踪考察的践行结合起来。

3. 名师指点

在院史编写过程中，我得到农科教职工，特别是老领导、老教师的支持和帮助。陈子元、陈锡臣、唐觉、游修龄、葛起新、季道藩、钱泽澍、刘祖生、胡萃、俞惠时、熊农山、陈义产等老领导、老教师不辞辛劳，提供资料，提出修改意见，甚至亲笔改稿、拟写文稿等。

陈子元院士曾担任浙江农业大学校长、副校长 10 年之久。在获悉我将主编农学院院史后，他亲自绘制浙大农科近百年沿革的流程图表，并当面解读，予以指导。

原浙江农业大学副校长、顾问陈锡臣教授，曾主编《浙江农业大学校史》。2004年时，他已是九秩高龄，为支持院史编写，他特意挑选出自己珍藏的浙大农科史料，冒着酷暑绕行半个华家池，到东大楼将它们交给我。

原浙江农业大学教务处处长俞惠时先生，仔细阅读院史文稿，提出许多中肯的修改意见，并在院史文稿打印本上做十余处的文字改动。钱泽澍教授特用彩色贴纸标示文字改动的页码。这些都充分体现了农科老先生的责任心和一丝不苟、严谨治学的态度。他们的风范，鞭策我努力将农学院院史编写成一部信史。

著名农史学家游修龄教授，曾担任《浙江农业大学校史》顾问。他在仔细阅读院史送审稿后，对我主编的工作给予充分肯定和鼓励，同时也指出其中不足。游修龄先生特地打印了一页文字的修改意见，我敬录于下：

> 《农业与生物技术学院简史》(当时送审稿之标题——抄注)编写非常出色，结构严密，脉络分明，材料丰富，叙述清晰，详略轻重分配合理。最难写的是第一章，早期的材料稀少，但牵涉面很广，写得也很不错。只是前言部分，文字最少，却最难处理，本人看过以后，感到有需要改动的地方，现不揣冒昧，提出草稿如下，仅供参考，其余次要意见也附于后。

游修龄

2005 年 12 月 16 日

整段文字并不长，但从字里行间可以看出游修龄先生关爱后学、严谨谦逊的大家风范。

游修龄先生所亲拟的章前无题引言，我一字不动地恭录在第一章"追溯渊源"之前，正式作为引言①。

从2004年6月在农学院酝酿编写院史开始，四易其稿，至2007年5月《浙江大学农业与生物技术学院院史（1910—2006）》问世，成为浙

---

① 参见《浙江大学农业与生物技术学院院史（1910—2006）》，浙江大学出版社，2007，第3页。

江大学正式出版的第一部学院史 ①，再到 2010 年 12 月《浙江大学农业与生物技术学院院史（1910—2010）》面世，前后共 7 年时间。我个人经历慈母离世的打击，并挑起照顾双目失明的老父亲生活起居的担子，只能利用夜间时间学研写作。每当我产生畏难情绪时，面对泛黄史料所记载的浙大历史风云，特别是抗战西迁中竺可桢校长留下的《国立浙江大学宜山学舍记》《国立浙江大学黔省校舍记》两篇不朽碑文，深为其所表达的浙大气魄、气概和浙大精神所感染、感动，决心克服困难，竭尽全力完成院史编纂之任务。

今回想起来，我所做的力所能及的工作主要体现在三个方面。

第一，根据 1999 年成立的农学院的实际情况，我提出设置四大部分的构想：第一部分为发展历程及概况；第二部分为系、所、场概述；第三部分为人物简介和访谈录（附有忆述文章和文献目录）；第四部分为附录。我将主要精力放在第一部分，特别是前三章（1910—1998 年）的编纂上。

第二，在时间跨度上，农学院院史所记载的时间，若以《浙江农业大学校志》下限 1990 年算，至 2010 年，延续了 20 年的时间；若以《浙江农业大学校史》的下限 1984 年计，至 2010 年，则延续了 26 年浙大农科历史的文脉。

第三，在内容上，正如陈子元院士所指出的那样，"增加补充了许多珍贵的历史资料，围绕人才培养、教学、科研和社会服务，力图较客观、全面、准确地记载和反映农学院的历史渊源、总体面貌、变迁过程" ②。

例如，在浙大农科史中，第一次载入浙江公立农业专门学校学生邹子侃烈士的事迹。在农学院院史第二章《浙江大学农学院学生爱国运动》这一节中记载陈敬森、邹子侃英勇斗争、壮烈牺牲的史实。在农学院百年院史中特设立"革命先烈"专栏，详载陈敬森、邹子侃、于子三等农科革命烈士的生平；增补了著名教育家蔡元培在浙江省立甲种农业学校的演说辞；增补了 1945 年抗日战争胜利后台湾光复时，蔡邦华、卢守耕

---

① 《浙江大学报》2011 年 5 月 13 日第 5 版。
② 《浙江大学农业与生物技术学院院史（1910—2010）》，浙江大学出版社，2010，陈子元序（2010 版）。

教授分别参与台湾大学、台湾糖业试验所的接收和建设的史料；增补了在抗美援朝战争中蚕类专家柳支英教授、助教李平淑参加反细菌战的史料；等等。在此不一一列举。农学院院史在内容上填补了浙大农科历史中的若干空白。

2007、2010年先后出版的两部农学院院史，受到肯定的评价。

著名农业遗传育种学家季道藩教授在先后三遍阅读了农学院院史的送审稿后，写下如下意见："初稿编写的内容丰富，记述翔实，文字流畅，完整地陈述了学院的建立、发展和成就的历史过程，我阅读后获益良多。"

著名茶学家刘祖生教授阅后认为，院史"分期合理，材料翔实，重点突出，文句流畅，思想性、史料性、可读性皆强"。

当时担任农学院常务副院长，后任浙江大学农生环学部主任的张国平教授指出："院史主线突出，层次分明，以'实'求真，结语催人奋进。"

2007年3月，时任浙江大学党委书记的张曦同志在《浙江大学农业与生物技术学院院史（1910—2006）》的序言中指出："农业与生物技术学院率先对近百年浙大农业学科发展进行梳理和总结，既体现出了他们传承历史的自觉与责任，又折射出他们面向未来的信心和勇气。"[1]

2010年10月，陈子元院士在《浙江大学农业与生物技术学院院史（1910—2010）》的序言中强调："院史编写是校园文化建设的重要方面，也是一项具有历史价值、学术价值和现实意义的工作。"[2]

台湾著名诗人余光中于2011年访问浙江大学，这也是他的夫人范我存女士的寻根之旅，时任农学院副院长曹家树教授向他们赠送了浙大农学院百年院史，并特地将有关范我存女士父亲范赛先生的记载加以标识。余光中先生写道："更高兴的，是浙大事先已搜集到有关我岳父的资料，也在那场合一并相赠，我存（余光中夫人——抄注）的寻根之旅遂不虚此行了。根据那些信史，我岳父短暂的一生乃有了这样的轮廓。"[3]

---

① 《浙江大学农业与生物技术学院院史（1910—2006）》，浙江大学出版社，2007，张曦序。
② 《浙江大学农业与生物技术学院院史（1910—2010）》，浙江大学出版社，2010，陈子元序。
③ 《散文精读：余光中》，浙江人民出版社，2018，第136页。

2011 年，卢守耕先生的后人造访华家池，浙大农耕文化研究会秘书长金中仁接待并特介绍《浙江大学报》所刊《卢守耕先生对海峡两岸农业的贡献》（该文后入编《我心中的华家池》第一卷），增强了卢守耕先生后代与浙江大学的情感联系。

上述两事，无形中检验了浙大农科史研究的状况，也在实践中从一个侧面折射出浙大农学院院史和农科史研究的价值与意义。

二、主编《我心中的华家池》

我在主编农学院院史的过程中，时常会闪过请广大离退休老同志撰写或口述农科历史的念头，作为农学院院史另一视角的延伸和细化。这个想法很快得到浙江大学档案馆和离退休工作处的支持。我们由此开始征文、收集和编写工作，并在浙江大学建校 120 周年前夕，正式出版《我心中的华家池》第一卷，作为校庆的献礼书。应该说，《我心中的华家池》是浙大农学院院史的姐妹篇，是浙大农科历史的集体记忆。

浙大华家池校园迄今已有近 90 年的悠久历史，是浙大各校区中唯一由浙大自己辟草莱、拓荒地，创建于 20 世纪 30 年代，现今仍在从事教育的老校区，也是浙大仅存的抗战时期西迁出发和复原东归的校园。它流淌着浙大历史文化的乳汁，沐浴在农耕教育的氛围之中。我理解的所谓"乡愁"，既是农耕文明江河湖海的踏歌俚曲，也是阡陌山林的田野牧歌，表达着人们内心最为柔软的情愫和眷恋。浙大华家池校园既是我国著名学府的校园，也承载着师生绵延不绝的校园乡情乡愁。为此，我特为书名加上一副标题："探寻浙江大学农科史与校园'乡愁'"。《我心中的华家池》第一卷计 72 篇忆述文章。第二卷出版于 2020 年，献给浙江大学农科创建 110 周年，计 103 篇文章（包括"星光灿烂华家池"的诗文）。两卷共计 175 篇文章。《我心中的华家池》设有"星光灿烂华家池""华家池颂""先生之风""流金岁月"等栏目，旨在微观层面上、细节上对浙大农科史进行补充、丰富、完善，从而更生动、更真切、更细腻地帮助读者加深对浙大农科历史大厦的认识。

《我心中的华家池》有三个特点：第一，它是一本方志类回忆文章和口述历史的汇编。它既有关于华家池地名的考证、前世今生的叙述，又有关于各幢建筑的历史介绍；既有华家池农耕文化的探微，又有校园景观的礼赞；更多的是生动忆述百十年来浙大农科的辉煌历程和感人事迹。第二，这是民间自发、得到学校肯定和支持的工作，有扎根于群众的生命力。它是华家池离退休老同志的集体记忆，是曾经或一直在华家池学习工作生活的老同志亲历、亲为、亲见、亲闻的真实忆述、文字积淀。作者中不少已是耄耋之龄，甚至百岁高龄的老人，他们的回忆格外珍贵。从某种意义上讲，这也是历史文化的抢救工作。它真实地记录了华家池历经的风云激荡的时代变迁，彰显了浙大农科儿女求是、创新、勤朴的特质和理想追求，展现了浙大农科人一个多世纪以来献身农业、服务人民、勇攀农业科技高峰的风采。它试图揭示浙大农科横跨两个世纪始终名列全国农林高校前列、努力跻身世界一流农科的基因密码，也试图寻根百十年来支撑浙大农科人筚路蓝缕、走向辉煌的力量源泉和道德文化滋养。第三，它是一个动态发展、自然延伸的开放体系。在已出版两卷的基础上，我们还在准备第三卷的编写及出版，营造汇集浙大农科奋斗者的亲历故事和思想情怀的系列丛书，使浙大精神和农科传统青蓝相继，世代相传，发扬光大。

《我心中的华家池》第一卷已印刷两次，印数近万册，全部赠予学生、校友和社会各界人士。一本关于华家池校园历史的回忆文集，能引起海内外浙大校友，特别是浙大农科校友的热烈反响和好评，是我未曾料及的。我想它也是思政教育、培养浙大莘莘学子的社会主义核心价值观的生动教材。

三、学习和研究陈子元院士学术资料及成长轨迹

陈子元院士是我 61 年前进大学时遇到的第一位老师和领导。陈子元院士是我国核农学的先驱和奠基人之一，原浙江农业大学校长，曾担任国际原子能机构（IAEA）的科学顾问，既是杰出的科学家，又是卓越的农业教育家和德高望重的社会活动家。他担任校长、副校长的 10 年，是浙江农业大学发展最好的时期之一。学习研究浙江大学农科历史，无法绕开陈子元院士。我自己学习研究陈子元院士学术资料，主要做了以下工作。

第一，为作家谢鲁渤撰写《陈子元传》提供第一手资料①。2004 年 10 月，谢鲁渤著的《陈子元传》由宁波出版社出版，为"院士之路"系列传记文学丛书第二辑的第一本。这是关于陈子元院士的第一本正式出版的传记。我也以此为契机，开始较系统地学习陈子元院士的学术著作和相关报道。

第二，2012 年积极参与"老科学家学术成长资料采集工程"陈子元学术成长资料采集小组的一些工作。作为采集小组成员，我参加 2012 年 5 月在北京举办的培训班，并取得资质证书。没想到的是，与会期间，我突发左眼视网膜病变，急需医治。为了不影响采集工程的进展，我毅然提出不再承担这项工作。但我仍抱着积极负责的精神，支持配合采集工作。在陈子元学术成长资料采集小组的努力下，《让核技术接地气——陈子元传》于 2014 年 10 月正式出版。这是关于陈子元院士的第二部传记著作，完整、翔实、准确、全面地展现了陈子元院士的学术成就和轨迹，全书 34 万字，凝练厚重。我为这部关于陈子元院士的学术传记正式出版感到由衷的高兴。浙大党委宣传部韩天高同志在该书后记中指出："项目前期承接以及后期实施过程中，邹先定教授参与和指导了一些重要环节工作，并从总体上发挥了'顾问'的作用。"②

第三，我主动向《光明日报》《农民日报》推荐陈子元院士的事迹和成就，积极配合《光明日报》知名记者叶辉同志采访陈子元院士及浙大原子核农业科学研究所的教授们。2014 年 3 月 28 日，《光明日报》以整版篇幅刊载了叶辉同志的长篇通讯《中国核农学的开创者——陈子元的四个"第一"》③，引起社会的关注和反响。《农民日报》也在显著版面刊登关于陈子元院士的长篇通讯。

在此同时，我一直未中断对陈子元院士学术资料和农业教育思想的研究。我结合自己与陈子元院士一甲子岁月的师生关系及在同一领导班

---

① 参见谢鲁渤：《陈子元传》，宁波出版社，2004，第 24-26 页、第 148-150 页、第 167 页、第 251 页、第 265-271 页。

② 李曙白、韩天高、徐步进：《让核技术接地气——陈子元传》，中国科学技术出版社，上海交通大学出版社，2014，第 348 页。

③ 陈子元的四个"第一"是指：①创建我国农业院校第一个同位素实验室；②制定中国第一部农药安全使用标准；③国际原子能机构科学顾问委员会的第一位中国科学家；④中国核农学界的第一位院士。

子的实践经历，梳理出自己的学习体会。第一，陈子元院士的特质是党员科学家，且是新中国无留洋经历的本土科学家。第二，陈子元院士从1963年开始农药残留研究，这应置于1962年蕾切尔·卡逊《寂静的春天》出版、即人类将进入可持续发展的时代背景下来考量。第三，陈子元院士作为农业教育家，早在1983年就提炼出"上天落地"的办学理念和目标，并凝练出自己在实践中摸索出来的创新路线。陈子元院士重视农科大学生的人文社会科学教育和艺术教育。在他担任校长期间，浙江农业大学在全国高等农业院校中率先成立艺术教研室①。第四，陈子元院士的学术足迹真实体现了一位党员科学家为实现强国梦而奋斗的历程，也反映出他作为一名共产党员的理想信念和高尚的品德修养。我先后发表了《一生的目标，永不懈怠的奋进》《核农学家强国梦的璀璨轨迹——中国科学院资深院士、核农学家陈子元学术足迹探析》《陈子元院士学术探索和教育实践的价值与启示》等文章②。我在这些文章中指出："陈子元先生以自己渊博的知识教育学生，以美好的德行引导学生，以完善的人格影响学生，润物无声，潜移默化。""陈子元先生70年执教从研的奋斗足迹和辉煌成就，是党的培养、时代的召唤和自身奋斗的结果，也是向青年学生进行中国梦教育，培育和践行社会主义核心价值观，生动而有说服力的教材。"③

四、崇敬历史　激情宣讲

从2005年始，我以农学院院史为教材，结合形势，为浙大农科学生作专题宣讲报告，受到学生的热烈欢迎。多年来，它也成为农学院研究生的入学第一课。院史的出版也为青年教师提供了历史参考。在2015年抗战胜利70周年、2017年浙大120周年校庆及于子三烈士殉难70周年、2018年改革开放40周年、2019年新中国成立70周年、2020年抗美

① 邹先定：《核农学家强国梦的璀璨轨迹——中国科学院资深院士、核农学家学术足迹探析》，《浙江大学校史研究》2014年第12期（创刊号）。
② 邹先定：《愿继续耕耘在这土地上——邹先定退休后演讲录和文稿选编》，浙江大学出版社，2020，第46—52页、第177—182页、第183—185页。
③ 邹先定：《陈子元院士学术探索和教育实践的价值与启示》，《环球老来乐》（浙大专刊）2014年12月。

援朝中国人民志愿军出国作战 70 周年、2021 年中国共产党成立 100 周年等重大历史节点的大型座谈活动或主题教育报告会上，我都结合引用浙江大学和农科生动鲜活的历史资料，延续红色血脉，传承中国共产党人精神谱系中的浙大篇章，讲好革命建设改革中的浙大故事、浙大农科的故事。据不完全统计，18 年来，我所作的关于浙大农科历史的宣讲报告有 31 场次，受众超过 12000 人次（含线上和外省高校）。

我关于浙大农科历史的宣讲稿，如《继承和发扬求是勤朴的优良传统——纪念浙江大学农学院创建 100 周年》《华家池的魅力和价值》《卢守耕先生对海峡两岸农业的贡献》《浙江大学原子核农业科学研究所：原子核科学技术和农业在这里结合》等 20 多篇文章，分别发表在《浙江大学报》《浙江大学校史研究》《浙大校友》《中国国家地理》等报刊上，有的宣讲稿还收录在《愿继续耕耘在这土地上——邹先定退休后演讲录和文稿选编》中。这本文集真实地记录了我在该时段关于浙大农科宣讲的方方面面。

如果说，在农学院百年院史中，史论结合较集中地体现在《百年院史　光耀千秋》这篇收官之作中，那么，在浙大农科史的宣讲中，其主要特点是，通过史论结合，把浙大农科史融入中共党史、抗日战争史、新中国史、改革开放史的宏大背景中，并充分体现学史明理、学史增信、学史崇德、学史力行的精神。

学生感言："一场近 80 分钟的报告让我全程沉浸其中，听着老师娓娓道来浙大农科的光辉历史，看到老师脸上洋溢出来的自豪和眼睛里的光，这份真挚的情感让人感动和骄傲。""浙大精神在今天已经超越了时间，超越了现实，成为一种信念，成为一种意志，成为一种理想，成为一种信仰。""在校庆之际，我们最应该搞清楚的是我们应该庆祝什么、继承什么、铭记什么、发扬什么，老师给了无数浙大学子一个明晰的答案。"关于浙大农科历史和精神的演讲，也让广大农科学生更深切地理解浙大农科的特质、农科的成就贡献、农科的魅力、农科的价值、农科的使命和担当。

我作为一名非史学专业的教师，在退休后，从零开始，边学边干，在学中干，干中学，与几位副主编和编委会同仁齐心协力，依靠广大作者，先后出版了四部有关浙大农科历史的著作，共计200多万字^①，并产生一定的社会影响^②。这是我未曾想到的。浙大农科百十余年的历史是一座富矿、深矿、宝矿。我虽在退休后学习编写浙大农科历史十八载，但对这座宝矿的了解，仍知之不多、知之不全、知之不深，今后应更勤奋虚心严谨地学习和研究浙大农科史。18年，仅仅是我学习浙大农科史的开端。

十八载学研浙大农科史的过程，也是我被感动和受教育的过程。浙大精神和农科的优良传统，是我人生新征程的出发点和根据地，是战胜困难和挑战的集结号，也是风雨人生中遮风挡雨的心灵栖息地，更是勠力同心为崇高事业不倦奋斗的进行曲。我坚信，在新时代，浙大农科将建一流学科，育一流人才，出一流成果，在浙江大学争创世界一流大学前列的新征程中再创新的辉煌。

（2022年8月1日誊清于浙大华家池）

---

① 《浙江大学农业与生物技术学院院史（1910—2006）》字数59.3万字，《浙江大学农业与生物技术学院院史（1910—2010）》字数69.8万字，《我心中的华家池》第一卷字数40.8万字，《我心中的华家池》第二卷字数47.5万字，总计字数为217.4万字。
② 参见《许璇纪念文集》《知性·华家池》《浙大六记·初心不忘厚植苍翠》《农林记忆（浙江农林大学）》等。

后 记

　　"浙大精神在农科的传承和发展"是我面向农科学生宣讲的重要主题。自 2005 年 10 月开始，包括近十年浙大农学院新入学研究生的"开学第一课"，我未曾中断地结合浙大发展情势，作关于浙大精神的宣讲。我认为，从求是学子入学第一天起，在对其加强爱党爱国爱社会主义教育的同时，也要进行爱校的教育，它们是一致的。

　　宣讲浙大精神在农科的传承和发展，于我而言是一种探索，缺乏经验，只能边学边讲边研究。所幸，自己在荣休后有学习研究农学院院史的一些积淀。我把十余年有关该主题的宣讲稿收集，并将《著史育人：学习编写宣讲浙大农学院院史十八载》作为附录，合成本书文稿。因同一主题面对不同对象、在不同场合演讲，内容上有重复，为保留当时原貌和保持完整性，我未予删节，敬请见谅。当然，我对浙大精神和浙大农科历史的学习和认识是粗浅的，有待深化和提高。敬请专家和读者朋友们批评指正。

　　我衷心感谢浙江大学关心下一代工作委员会、浙江大学党委学生工作部和浙江大学离退休工作处把本书作为浙江大学"在鲜红的党旗下""五老"宣讲丛书（简称"五老"宣讲丛书）的第二本。2021年在党成立 100 周年之际，浙江大学出版社出版首本"五老"宣讲丛书：《把心中的歌献给党》。浙江大学出版社坚决贯彻党中央《关于加强新时代关心下一代工作委员会工作的意见》精神，努力将"五老"宣讲丛书打造成符合青少年特点、贴近青少年要求、服务青少年健康成长的书籍。责任编辑季峥同志为此付出大量心血和辛勤劳动。我真诚地希望"五老"宣讲丛书能成为源源不断地推出、受到莘莘学子欢迎和喜爱的书籍。本书若能起到"抛砖引玉"的作用，则甚幸之！

邹先定

2023 年 11 月 12 日于浙大华家池